农作物种质资源技术规范丛书

5-30

蓝果忍冬种质资源描述规范和数据标准

Descriptors and Data Standard for Blue Honeysuckle

(*Lonicera* Linn. Subsect. *Caeruleae* Rehd.)

宋宏伟　张冰冰　霍俊伟　等　编著

中国农业科学技术出版社

图书在版编目(CIP)数据

蓝果忍冬种质资源描述规范和数据标准 / 宋宏伟等编著 . -- 北京：中国农业科学技术出版社，2025. 6.

ISBN 978-7-5116-7451-7

Ⅰ. Q949. 781. 2

中国国家版本馆 CIP 数据核字第 2025VZ4487 号

责任编辑 崔改泵
责任校对 李向荣
责任印制 姜义伟 王思文

出 版 者 中国农业科学技术出版社
北京市中关村南大街 12 号 邮编：100081
电 话 (010) 82109194 (编辑室) (010) 82106624 (发行部)
(010) 82109709 (读者服务部)
网 址 https://castp.caas.cn
经 销 者 各地新华书店
印 刷 者 北京建宏印刷有限公司
开 本 170 mm×240 mm 1/16
印 张 6
字 数 118 千字
版 次 2025 年 6 月第 1 版 2025 年 6 月第 1 次印刷
定 价 50. 00 元

《农作物种质资源技术规范》
总编辑委员会

	陈成斌	陈彦清	宗绪晓	郑殿升	房伯平
	范源洪	欧良喜	周传生	赵来喜	赵密珍
	俞明亮	郭小丁	姜　全	姜慧芳	柯卫东
	胡红菊	胡忠荣	娄希祉	高卫东	高洪文
	袁　清	唐　君	曹永生	曹卫东	曹玉芬
	黄华孙	黄秉智	龚友才	崔　平	揭雨成
	程须珍	董玉琛	董永平	粟建光	韩龙植
	蔡　青	熊兴平	黎　裕	潘一乐	潘大建
	魏兴华	魏利青			
总审校	娄希祉	曹永生	刘　旭		

《蓝果忍冬种质资源描述规范和数据标准》
编 著 委 员 会

主 编 著 宋宏伟 张冰冰 霍俊伟

副主编著 梁英海 李红莲 王珊珊

赵晨辉

编 著 者 宋宏伟 霍俊伟 张冰冰

梁英海 李红莲 王珊珊

赵晨辉 张艳波 李 锋

陶 蕊 高玉江 王利新

审 稿 人（以姓氏笔画为序）

方 沩 王力荣 于泽源

刘洪章 刘延杰 沈育杰

张志东 杨昌友 胡忠荣

郭太君 郭修武 韩振海

雷家军 董文轩 睢 薇

《农作物种质资源技术规范》

前　　言

农作物种质资源是人类生存和发展最有价值的宝贵财富，是国家重要的战略性资源，是作物育种、生物科学研究和农业生产的物质基础，是实现粮食安全、生态安全与农业可持续发展的重要保障。中国农作物种质资源种类多、数量大，以其丰富性和独特性在国际上占有重要地位。经过广大农业科技工作者多年的努力，目前已收集保存了51万份种质资源，积累了大量科学数据和技术资料，为制定农作物种质资源技术规范奠定了良好的基础。

农作物种质资源技术规范的制定是实现中国农作物种质资源工作标准化、信息化和现代化，促进农作物种质资源事业跨越式发展的一项重要任务，是农作物种质资源研究的迫切需要。其主要作用是：①规范农作物种质资源的收集、整理、保存、鉴定、评价和利用；②度量农作物种质资源的遗传多样性和丰富度；③确保农作物种质资源的遗传完整性，拓宽利用价值，提高使用时效；④提高农作物种质资源整合的效率，实现种质资源的充分共享和高效利用。

《农作物种质资源技术规范》是国内首次出版的农作物种质资源基础工具书，是农作物种质资源考察收集、整理鉴定、保存利用的技术手册，其主要特点：①植物分类、生态、形态，农艺、生理生化、植物保护，计算机等多学科交叉集成，具有创新性；②综合运用国内外有关标准规范和技术方法的最新研究成果，具有先进性；③由实践经验丰富和理论水平高的科学家编审，科学性、系统性和实用性强，具有权威性；④资料翔实、结构严谨、形式新颖、图文并茂，具有可操作性；⑤规定了粮食作物、经济作物、蔬菜、果树、牧草绿肥等五大类100多种作物种质资源的描述规范、数据标准和数据质量控制规范，以及收集、整理、保存技术规程，内容丰富，具有完整性。

《农作物种质资源技术规范》是在农作物种质资源50多年科研工作的基础上，参照国内外相关技术标准和先进方法，组织全国40多个科研单位，500多名科技人员进行编撰，并在全国范围内征求了2 000多位专家的意见，召开了近百次专家咨询会议，经反复修改后形成的。《农作物种质资源技术规范》按不同作物分册出版，共计130余册，便于查阅使用。

《农作物种质资源技术规范》的编撰出版，是国家农作物种质资源平台建设的重要任务之一。国家农作物种质资源平台由科技部和财政部共同设立，得到了各有关领导部门的具体指导，中国农业科学院的全力支持及全国有关科研单位、高等院校及生产部门的大力协助，在此谨致诚挚的谢意。由于时间紧、任务重、缺乏经验，书中难免有疏漏之处，恳请读者批评指正，以便修订。

总编辑委员会

《蓝果忍冬种质资源描述规范和数据标准》

前　　言

蓝果忍冬泛指忍冬科（Caprifoliaceae）忍冬属（*Lonicera* Linn.）忍冬亚属（Subgen. *Lonicera*）蓝果亚组（Subsect. *Caeruleae* Rehd.）的多年生灌木或小乔木。染色体数 $2n=2x=18$、$2n=4x=36$。主要种类有蓝靛果忍冬（*L. edulis*）、伊犁忍冬（*L. illensis*）、博奇卡勒尼卡娃忍冬（*L. boczkarnikowii*）、蓝果忍冬（*L. caerulea*），以及堪察加忍冬（*L. caerulea* var. *kamtschatica*）、库页岛忍冬（*L. caerulea* var. *emphyllocalyx*）、阿尔泰忍冬（*L. caerulea* var. *altaica*）、多脉忍冬（*L. caerulea* var. *venulosa*）等野生近缘种。蓝果忍冬浆果适宜加工成果汁、果酒、饮料、果酱和罐头等，也是加工天然食用色素的极好原料，少量用于鲜食。

忍冬科是植物界中较早进化的科，忍冬属在忍冬科中占有中心地位，约有200个种。据考证，蓝果亚组的原始种类出现在第三纪末期，大约距今200万年。而现在的遗传资源是在第四纪形成的，是原始种类摆脱冰河迁移的结果，由于各种土壤、气候和其他条件的影响而形成了隔离的种群，以至在不同种群的植株中表现出不同形态特征。

据文献记载，蓝果忍冬分布于欧洲、亚洲和美洲的北部。在我国广泛分布于吉林、黑龙江、内蒙古、山东、河北、新疆、甘肃、四川和宁夏等地，海拔700~1 800m，其中东北的大、小兴安岭和长白山地区的野生资源贮量最大。按照Plekhanova拟订的最新分类系统，认为蓝果亚组的4个种类分布如下：伊犁忍冬（*L. illensis*）只分布在哈萨克斯坦和中国新疆的伊犁河谷；博奇卡勒尼卡娃忍冬（*L. boczkarnikowii*）主要分布在俄罗斯南部沿海各地、朝鲜及中国东北地区；蓝靛果忍冬（*L. edulis*）主要分布在黑龙江上游至结雅河谷，以及中国大兴安岭地区；蓝果忍冬（*L. caerulea*）主要分布在俄罗斯从北极到欧亚的泰加森林气候带，在山林和高山地带广为分布，其最具代表性的野生居群分布在俄罗斯千岛群岛、堪察加半岛、雅库梯山脉、锡霍特山脉、黑龙江下游、萨彦岭和阿尔泰山脉、乌拉尔山脉以及科拉半岛；此外，大量居群还分布在中国黑龙江省和新疆维吾尔自治区，日本的北海道，以及塔吉克斯坦、吉尔吉斯斯坦、哈萨克斯坦。在欧洲的斯堪的纳维亚半岛和阿尔卑斯山脉也有少量分布。

目前，俄罗斯、日本、美国、加拿大、波兰及我国均开展了蓝果忍冬种质资源收集、评价和育种工作。俄罗斯瓦维洛夫植物研究所在巴甫洛夫实验站建成了世界上最大的蓝果忍冬种质资源圃，收集和保存了500余份资源和万余株实生苗，制定了详细的种质资源评价标准，并对其生物学特性和农艺学性状开展了卓有成效的评价工作。结果表明，蓝果亚组的所有种类都可作为育种的原始材料。我国蓝果忍冬野生资源丰富，东北农业大学于1999年开始在我国率先开展了种质资源收集、保存和利用工作，保存有200余份资源，并陆续选育出多个具有我国自主知识产权的新品种，在黑龙江、吉林、内蒙古、河北、新疆等地种植，推广种植面积约7 000hm^2，并相继开发生产了果酒、饮料、果干、冻干粉、果酱等多种产品。

蓝果忍冬是一种营养丰富的浆果，花青苷等多酚类物质含量极为丰富。其浆果干物质含量为10%～17%，糖含量为5%～10%，酸含量为1.5%～4.5%；含有18种氨基酸；矿质元素含量以钾（300～500mg/kg）最多，其次含有磷、钙、镁、钠、锰、铁、硅、锌、锶、钡、碘等；含有维生素C、维生素B_1、维生素B_2、维生素B_9和维生素A等多种维生素。

规范标准是国家自然科技资源平台建设的基础。蓝果忍冬种质资源描述规范和数据标准的制定是国家农作物种质资源平台建设的重要内容之一。制定统一的蓝果忍冬种质资源规范标准，有利于整合全国蓝果忍冬种质资源，规范蓝果忍冬种质资源的收集、整理和保存等基础性工作，创造良好的资源和信息共享环境和条件；有利于有效地保护和高效地利用蓝果忍冬种质资源，充分挖掘其潜在的经济、社会和生态价值，促进全国蓝果忍冬种质资源研究的有序和高效发展。

蓝果忍冬种质资源描述规范规定了蓝果忍冬种质资源的描述符及其分级标准，以便对蓝果忍冬种质资源进行标准化整理和数字化表达。蓝果忍冬种质资源数据标准规定了蓝果忍冬种质资源各描述符的字段名称、类型、长度、小数位、代码等，以便建立统一、规范的蓝果忍冬种质资源数据库。蓝果忍冬种质资源数据质量控制规范规定了蓝果忍冬种质资源数据在采集全过程中的质量控制内容和质量控制方法，以保证数据的系统性、可比性和可靠性。

《蓝果忍冬种质资源描述规范和数据标准》由“国家园艺种质资源库”项目资助，吉林省农业科学院（中国农业科技东北创新中心）果树研究所主持编著，东北农业大学园艺园林学院协助编著，并得到了全国蓝果忍冬科研、教学和生产单位的大力支持。在编写过程中，参考了国内外相关文献，由于篇幅所限，书中仅列主要参考文献，在此向所引用文献的作者一并致谢。由于编著者水平有限，错误和疏漏之处在所难免，恳请批评指正。

编著者

2024 年 5 月

目　　录

1　蓝果忍冬种质资源描述规范和数据标准制定的原则和方法

1.1　蓝果忍冬种质资源描述规范制定的原则和方法

1.1.1　原则

1.1.1.1　优先采用现有数据库中的描述符和描述标准。

1.1.1.2　以种质资源研究和育种需求为主，兼顾生产与市场需要。

1.1.1.3　立足中国现有基础，考虑将来发展，力争与国际接轨。

1.1.2　方法和要求

1.1.2.1　描述符类别分为6类

1　基本信息

2　形态特征和生物学特性

3　品质特性

4　抗逆性

5　抗病虫性

6　其他特征特性

1.1.2.2　描述符代号由描述符类别加两位顺序号组成，如："110""208""501"等。

1.1.2.3　描述符性质分为3类

M　必选描述符（所有种质必须鉴定评价的描述符）

O　可选描述符（可选择鉴定评价的描述符）

C　条件描述符（只对特定种质进行鉴定评价的描述符）

1.1.2.4　描述符的代码应是有序的，如数量性状从细到粗、从低到高、从小到大、从少到多排列，颜色从浅到深，抗性从强到弱等。

1.1.2.5　每个描述符应有一个基本的定义或说明，数量性状指明单位，质量性状有评价标准和等级划分。

1.1.2.6　植物学形态描述符应附模式图。

1.1.2.7　重要数量性状应以数值表示。

1.2 蓝果忍冬种质资源数据标准制定的原则和方法

1.2.1 原则

1.2.1.1 数据标准中的描述符应与描述规范相一致。

1.2.1.2 数据标准应优先考虑现有数据库中的数据标准。

1.2.2 方法和要求

1.2.2.1 数据标准中的代号与描述规范中的代号一致。

1.2.2.2 字段名最长 12 位。

1.2.2.3 字段类型分字符型（C）、数值型（N）和日期型（D）。日期型的格式为 YYYYMMDD。

1.2.2.4 经度的类型为 N，格式为 DDDFF，纬度的类型为 N，格式为 DDFF，其中 D 为度，F 为分。东经以正数表示，西经以负数表示；北纬以正数表示，南纬以负数表示。如“12136”“-3921”。

1.3 蓝果忍冬种质资源数据质量控制规范制定的原则和方法

1.3.1 保证采集的数据具有系统性、可比性和可靠性。

1.3.2 数据质量控制以过程控制为主，兼顾结果控制。

1.3.3 数据质量控制方法应具有可操作性。

1.3.4 鉴定评价方法以现行国家标准和行业标准为首选依据；如无国家标准和行业标准，则以国际标准或国内比较公认的先进方法为依据。

1.3.5 每个描述符的质量控制包括田间设计，样本数或群体大小，时间或时期，取样数和取样方法，计量单位、精度和允许误差，采用的鉴定评价规范和标准，采用的仪器设备，性状的观测和等级划分方法，数据校验和数据分析。

2 蓝果忍冬种质资源性状描述规范简表

序号	代号	描述符	描述符性质	单位或代码
1	101	全国统一编号	M	
2	102	圃编号	M	
3	103	引种号	C/国外种质	
4	104	采集号	C/野生资源和地方品种	
5	105	种质名称	M	
6	106	种质外文名	M	
7	107	科名	M	
8	108	属名	M	
9	109	学名	M	
10	110	原产国	M	
11	111	原产省	M	
12	112	原产地	M	
13	113	海拔	C/野生资源和地方品种	m
14	114	经度	C/野生资源和地方品种	
15	115	纬度	C/野生资源和地方品种	
16	116	来源地	M	
17	117	保存单位	M	
18	118	保存单位编号	O	
19	119	保存资源类型	M	1：植株　2：种子　3：花粉 4：培养物　5：DNA　6：其他
20	120	种质类型	M	1：野生资源　2：地方品种 3：选育品种　4：品系 5：遗传材料　6：其他

（续表）

序号	代号	描述符	描述符性质	单位或代码
21	121	系谱	C/选育品种或品系	
22	122	选育单位	C/选育品种或品系	
23	123	育成年份	C/选育品种或品系	
24	124	图像	O	
25	125	观测地点	M	
26	201	树姿	M	1：直立　2：半开张　3：开张
27	202	树冠	O	1：扁圆形　2：半圆形　3：圆形 4：椭圆形　5：圆锥形 6：倒圆锥形
28	203	株丛高	M	cm
29	204	树势	O	1：弱　2：中　3：强
30	205	骨干枝颜色	M	1：灰　2：灰褐　3：褐 4：黄褐　5：红褐　6：紫褐
31	206	骨干枝枝条密度	O	1：稀　2：中　3：密
32	207	一年生枝生长方向	M	1：向上　2：水平　3：向下
33	208	一年生枝节间长度	O	cm
34	209	一年生枝颜色	M	1：灰褐　2：褐　3：黄褐
35	210	一年生枝茸毛	M	0：无　1：稀　2：中　3：密
36	211	新梢颜色	M	1：绿白　2：浅红
37	212	新梢茸毛	O	0：无　1：稀　2：中　3：密
38	213	顶芽形状	M	1：短椭圆　2：椭圆　3：长椭圆
39	214	顶芽长度	M	mm
40	215	顶芽鳞片状态	O	1：裂开　2：闭合
41	216	腋芽着生状态	O	1：紧贴　2：弯曲　3：斜上 4：垂直　5：斜下
42	217	幼叶颜色	M	1：浅绿　2：绿　3：深绿
43	218	幼叶表面茸毛	M	0：无　1：稀　2：中　3：密
44	219	幼叶背面茸毛	O	0：无　1：仅在叶脉上 2：整个表面
45	220	叶姿	M	1：斜向上　2：水平　3：向下

（续表）

序号	代号	描述符	描述符性质	单位或代码
46	221	叶面状态	O	1：平 2：波形 3：凸 4：凹
47	222	叶片长度	M	cm
48	223	叶片宽度	M	cm
49	224	叶柄长度	O	mm
50	225	叶片形状	M	1：圆形 2：椭圆形 3：长圆形 4：披针形
51	226	叶尖形状	M	1：渐尖 2：尖 3：钝尖
52	227	叶基形状	M	1：楔形 2：阔楔形 3：圆形 4：截形 5：心形
53	228	叶片颜色	M	1：浅绿 2：绿 3：深绿
54	229	叶片茸毛	O	1：毡状 2：发状 3：糙硬毛
55	230	托叶形状	M	1：半椭圆形 2：半圆形 3：直角形
56	231	托叶方向	O	1：向上 2：垂直 3：向下
57	232	花冠颜色	M	1：白 2：浅黄 3：黄 4：绿黄 5：玫瑰黄
58	233	花冠形状	M	1：管状 2：窄喇叭状 3：喇叭状 4：风铃状
59	234	花冠茸毛	O	0：无 1：稀 2：中 3：密
60	235	花冠茸毛形态	O	1：毡状 2：发状 3：糙硬毛
61	236	花瓣姿态	O	1：闭合 2：半闭合 3：开张 4：向上卷
62	237	雄蕊位置	O	1：低于花瓣 2：平于花瓣 3：高于花瓣
63	238	雄蕊数量	O	1：少 2：中 3：多
64	239	花药颜色	O	1：浅绿 2：黄 3：黄色带红 4：紫红
65	240	花柱长度	O	1：短 2：中 3：长
66	241	苞片形状	M	1：直线形 2：线状披针形 3：披针形
67	242	苞片角度	O	1：锐角 2：直角 3：钝角

（续表）

序号	代号	描述符	描述符性质	单位或代码
68	243	果实整齐度	M	1：整齐 2：较整齐 3：中等 4：较不整齐 5：不整齐
69	244	单果重	M	g
70	245	果实表面	M	1：光滑 2：起伏不平 3：具皱褶
71	246	果粉	O	0：无 1：薄 2：厚
72	247	果顶特征	O	1：凹 2：平 3：凸
73	248	果实纵径	M	cm
74	249	果实横径	M	cm
75	250	果柄长度	O	mm
76	251	种子数量	M	1：少 2：中 3：多
77	252	种子形状	M	1：圆形 2：卵圆形 3：卵形
78	253	种子颜色	O	1：淡褐 2：褐 3：深褐
79	254	丰产性	M	1：低 2：较低 3：中 4：较高 5：高
80	255	始果年龄	M	
81	256	自花结实率	O	0：无 1：低 2：中 3：高
82	257	采前落果	O	0：无 1：少 2：中 3：多
83	258	萌芽期	M	
84	259	初花期	M	
85	260	盛花期	M	
86	261	终花期	M	
87	262	果实成熟期	M	
88	263	果实发育期	M	
89	264	落叶期	M	
90	265	生育期	O	
91	301	果实形状	M	1：卵圆形 2：椭圆形 3：长椭圆形 4：圆柱形 5：纺锤形 6：葫芦形 7：镰刀形

（续表）

序号	代号	描述符	描述符性质	单位或代码
92	302	果实颜色	M	1：浅蓝　2：蓝　3：深蓝
93	303	果实香气	O	0：无　1：淡　2：浓
94	304	果实硬度	M	Pa
95	305	果皮厚度	O	1：薄　2：中　3：厚
96	306	果实甜酸度	M	1：酸　2：酸甜　3：微甜
97	307	果实苦味	O	1：淡　2：中　3：浓
98	308	果肉质地	O	1：软　2：中　3：硬
99	309	果实贮藏期	O	d
100	310	可溶性固形物含量	M	%
101	311	可溶性糖含量	O	%
102	312	可滴定酸含量	M	%
103	313	维生素 C 含量	M	mg/100g
104	314	花色素苷含量	M	mg/100g
105	315	果实出汁率	M	%
106	316	果汁颜色	M	1：红　2：深红　3：紫红
107	401	抗晚霜危害情况	O	1：强　3：较强　5：中 7：较弱　9：弱
108	402	抗寒性	M	1：强　3：较强　5：中 7：较弱　9：弱
109	403	抗涝性	O	1：强　3：较强　5：中 7：较弱　9：弱
110	404	抗旱性	O	1：强　3：较强　5：中 7：较弱　9：弱
111	501	白粉病抗性	O	1：高抗　3：抗病　5：中抗 7：感病　9：高感
112	502	链格孢属叶斑病抗性	O	1：高抗　3：抗病　5：中抗 7：感病　9：高感
113	503	胡萝卜微管蚜抗性	O	1：高抗　3：抗　5：中抗 7：感　9：高感
114	601	扦插成活率	O	%

（续表）

序号	代号	描述符	描述符性质	单位或代码
115	602	染色体数目	O	条
116	603	指纹图谱与分子标记	O	
117	604	备注	O	

3 蓝果忍冬种质资源描述规范

3.1 范围

本规范规定了蓝果忍冬种质资源的描述符及其分级标准。

本规范适用于蓝果忍冬种质资源的收集、整理和保存，数据标准和数据质量控制规范的制定，以及数据库和信息共享网络系统的建立。

3.2 规范性引用文件

下列文件中的条款通过本规范的引用而成为本规范的条款。凡是注日期的引用文件，其随后所有的修改单（不包括勘误的内容）或修订版均不适用于本规范。然而，鼓励根据本规范达成协议的各方研究是否可使用这些文件的最新版本。凡是不注日期的引用文件，其最新版本适用于本规范。

ISO 3166　Codes for the Representation of Names of Countries

GB/T 2659　世界各国和地区名称代码

GB/T 2260　中华人民共和国行政区划代码

GB/T 12404　单位隶属关系代码

3.3 术语和定义

3.3.1 蓝果忍冬

蓝果忍冬泛指忍冬科（Caprifoliaceae）忍冬属（*Lonicera* Linn.）忍冬亚属（Subgen. *Lonicera*）蓝果亚组（Subsect. *Caeruleae* Rehd.）的多年生灌木或小乔木。染色体数 $2n=2x=18$，$2n=4x=36$。主要种类有蓝靛果忍冬（*L. edulis*）、伊犁忍冬（*L. illensis*）、博奇卡勒尼卡娃忍冬（*L. boczkarnikowii*）、蓝果忍冬（*L. caerulea*），以及堪察加忍冬（*L. caerulea* var. *kamtschatica*）、库页岛忍冬（*L. caerulea* var. *emphyllocalyx*）、阿尔泰忍冬（*L. caerulea* var. *altaica*）、多脉忍冬（*L. caerulea* var. *venulosa*）等野生近缘种。蓝果忍冬浆果适宜加工成果汁、果酒、

饮料、果酱和罐头等，也是加工天然食用色素的极好原料，少量用于鲜食。

3.3.2 蓝果忍冬种质资源

蓝果忍冬野生资源、地方品种、选育品种、品系、遗传材料及其他等。

3.3.3 基本信息

蓝果忍冬种质资源基本情况描述信息，包括全国统一编号、种质名称、学名、原产地、种质类型等。

3.3.4 形态特征和生物学特性

蓝果忍冬种质资源的物候期、植物学形态及产量性状等特征特性。

3.3.5 品质特性

蓝果忍冬种质资源的商品品质、感官品质和营养品质性状。商品品质性状包括果实贮藏期、出汁率、果汁颜色等；感官品质性状包括果实形状、果皮厚度、果皮颜色，以及果实香气、硬度、质地和风味等；营养品质性状包括可溶性固形物、可溶性糖、可滴定酸、维生素 C 及花色素苷等的含量。

3.3.6 抗逆性

蓝果忍冬种质资源对各种非生物胁迫的适应或抵抗能力，包括抗晚霜危害情况、抗寒性、抗涝性、抗旱性等。

3.3.7 抗病虫性

蓝果忍冬种质资源对各种生物胁迫的适应或抵抗能力，包括白粉病、链格孢属叶斑病及胡萝卜微管蚜等。

3.3.8 蓝果忍冬营养生长

蓝果忍冬是多年生灌木，地上部是由 10~30 个不同年龄的骨干枝和基生枝组成。根系与新梢交替进行营养生长，各有两次生长高峰。蓝果忍冬营养生长可分为：萌芽期、叶幕形成期、根系生长期、新梢生长期、落叶期 5 个时期。

3.3.9 蓝果忍冬生殖发育

花芽分化在 6 月中旬开始，到 10 月下旬形态分化结束，翌年开花前（5 月上中旬）雌蕊、雄蕊才分化完毕。蓝果忍冬的花芽为混合芽，萌芽展叶后露出花序。果实发育呈双“S”形曲线，果实由绿变成浅蓝、蓝、深蓝，深蓝时完全成熟。通常将蓝果忍冬生殖发育划分为：花芽分化期、开花期、果实发育期、果实成熟期 4 个时期。

3.3.10 蓝果忍冬品质分析

蓝果忍冬的品质性状主要依据含量指标进行评定。按照《水果、蔬菜可溶性糖测定法》（GB/T 6194）、《水果、蔬菜制品可滴定酸度的测定》（GB/T 12293）和《水果、蔬菜维生素 C 含量测定法》（GB/T 6195—1986），测定糖、酸、维生素 C 等指标。

3.4　基本信息

3.4.1　全国统一编号

种质的唯一标识号，蓝果忍冬种质资源的全国统一编号由“LR”+国家圃代码+7 位顺序号组成，如 LRA0000402。

3.4.2　圃编号

蓝果忍冬种质在国家种质资源圃中的编号，由国家圃代码+“LR”+7 位顺序号组成，如 ALR0000097。

3.4.3　引种号

蓝果忍冬种质从国外引入时赋予的编号。

3.4.4　采集号

蓝果忍冬种质在野外采集时赋予的编号。

3.4.5　种质名称

蓝果忍冬种质的中文名称。

3.4.6　种质外文名

国外引进种质的外文名或国内种质的汉语拼音名。

3.4.7　科名

忍冬科（Caprifoliaceae）。

3.4.8　属名

忍冬属（*Lonicera* Linn.）。

3.4.9　学名

蓝果忍冬在植物分类学上的学名，如蓝靛果忍冬 *L. edulis*、伊犁忍冬 *L. illensis*。

3.4.10　原产国

蓝果忍冬种质原产国家名称、地区名称或国际组织名称。

3.4.11　原产省

国内蓝果忍冬种质原产省份名称；国外引进种质原产国家一级行政区的名称。

3.4.12　原产地

国内蓝果忍冬种质原产县、乡等。

3.4.13　海拔

蓝果忍冬种质原产地的海拔。单位为 m。

3.4.14　经度

蓝果忍冬种质原产地的经度，单位为（°）和（′）。格式为 DDDFF，其中

DDD 为度，FF 为分。东经以正数表示，西经以负数表示。

3.4.15 纬度

蓝果忍冬种质原产地的纬度，单位为（°）和（′）。格式为 DDFF，其中 DD 为度，FF 为分。北纬以正数表示，南纬以负数表示。

3.4.16 来源地

蓝果忍冬国外引进种质的来源国家名称、地区名称或国际组织名称；国内种质的来源省和县名称。

3.4.17 保存单位

蓝果忍冬种质提交国家种质圃前的保存单位名称。

3.4.18 保存单位编号

蓝果忍冬种质原保存单位赋予的种质编号。

3.4.19 保存资源类型

蓝果忍冬种质保存类型分为 6 类。

1　植株
2　种子
3　花粉
4　培养物
5　DNA
6　其他

3.4.20 种质类型

蓝果忍冬种质类型分为 6 类。

1　野生资源
2　地方品种
3　选育品种
4　品系
5　遗传材料
6　其他

3.4.21 系谱

蓝果忍冬选育品种（系）的亲缘关系。

3.4.22 选育单位

选育蓝果忍冬品种（系）的单位名称或个人。

3.4.23 育成年份

蓝果忍冬品种（系）培育成功的年份。

3.4.24 图像

蓝果忍冬种质的图像文件名。图像格式为 .JPG。

3.4.25　观测地点

蓝果忍冬种质形态特征和生物学特性的观测地点。

3.5　形态特征和生物学特性

3.5.1　树姿

未整形枝丛中枝条自然着生姿态（图 1）。

1　　直立

2　　半开张

3　　开张

图 1　树姿

3.5.2　树冠

未整形枝丛形成的树冠形状（图 2）。

1　　扁圆形

2　　半圆形

3　　圆形

4　　椭圆形

5　　圆锥形

6　　倒圆锥形

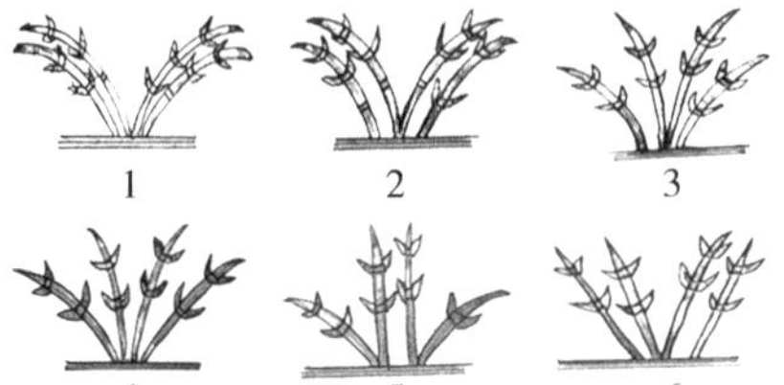

图 2　树冠

3.5.3　株丛高

植株从地表到顶部的高度。单位为 cm。

3.5.4 树势

植株的生长势。

1 弱
2 中
3 强

3.5.5 骨干枝颜色

构建树冠的多年生枝的颜色。

1 灰
2 灰褐
3 褐
4 黄褐
5 红褐
6 紫褐

3.5.6 骨干枝枝条密度

骨干枝抽生枝条的多少。

1 稀
2 中
3 密

3.5.7 一年生枝生长方向

一年生枝条生长与树体所成的方向（图3）。

1 向上
2 水平
3 向下

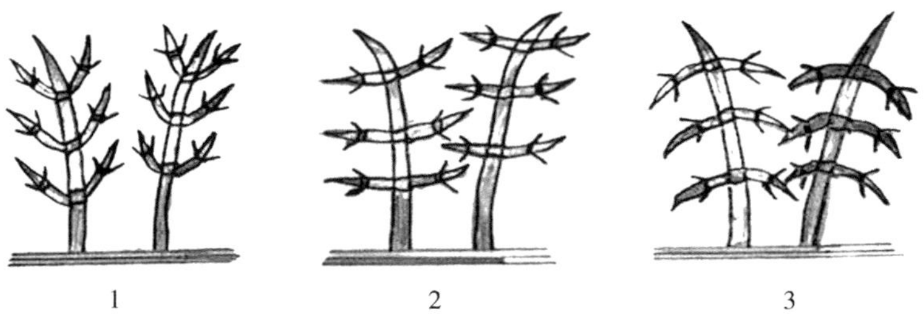

图3 一年生枝生长方向

3.5.8 一年生枝节间长度

一年生枝条的长度除以枝条的节数，即枝条长度/节数。单位为cm。

3.5.9 一年生枝颜色

一年生枝条的颜色。

1 灰褐

2 褐

3 黄褐

3.5.10 一年生枝茸毛

一年生枝条茸毛的多少。

0 无

1 稀

2 中

3 密

3.5.11 新梢颜色

抽生新梢的颜色。

1 绿白

2 浅红

3.5.12 新梢茸毛

新梢上茸毛的多少。

0 无

1 稀

2 中

3 密

3.5.13 顶芽形状

新梢停止生长时形成顶芽的形状（图4）。

1 短椭圆

2 椭圆

3 长椭圆

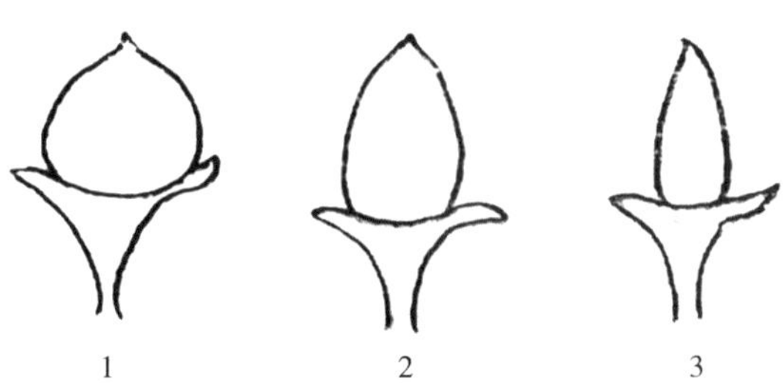

图4 顶芽形状

3.5.14 顶芽长度

顶芽从基部至顶端的长度。单位为 mm。

3.5.15 顶芽鳞片状态

顶芽鳞片着生状态。

1 裂开

2 闭合

3.5.16 腋芽着生状态

新梢中腋芽相对枝条的着生姿势。

1 紧贴

2 弯曲

3 斜上

4 垂直

5 斜下

3.5.17 幼叶颜色

新梢上幼叶的颜色。

1 浅绿

2 绿

3 深绿

3.5.18 幼叶表面茸毛

新梢上幼叶表面茸毛的多少。

0 无

1 稀

2 中

3 密

3.5.19 幼叶背面茸毛

新梢上幼叶背面茸毛的多少。

0 无

1 仅在叶脉上

2 整个表面

3.5.20 叶姿

生长枝中部成熟叶片的着生状态（图 5）。

1 斜向上

2 水平

3 向下

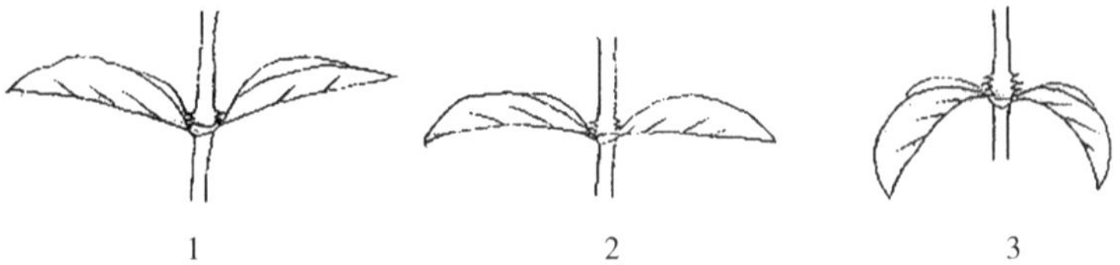

图5 叶姿

3.5.21 叶面状态

生长枝中部成熟叶片的生长形态。

1 平

2 波形

3 凸

4 凹

3.5.22 叶片长度

生长枝中部成熟叶的叶片基部至顶端的长度。单位为 cm。

3.5.23 叶片宽度

生长枝中部成熟叶的叶片最宽部位的宽度。单位为 cm。

3.5.24 叶柄长度

生长枝中部成熟叶的叶柄长度。单位为 mm。

3.5.25 叶片形状

生长枝中部成熟叶的形状（图 6）。

1 圆形

2 椭圆形

3 长圆形

4 披针形

图6 叶片形状

3.5.26 叶尖形状

生长枝中部成熟叶的叶尖形状（图 7）。

1　　渐尖

2　　尖

3　　钝尖

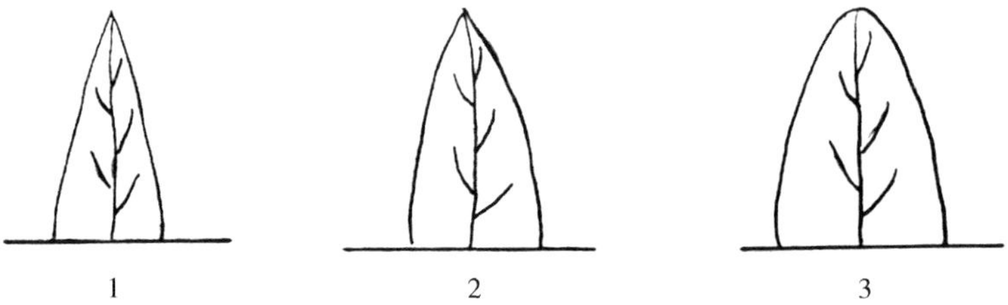

图 7　叶尖形状

3.5.27　叶基形状

生长枝中部成熟叶的叶基形状（图 8）。

1　　楔形

2　　阔楔形

3　　圆形

4　　截形

5　　心形

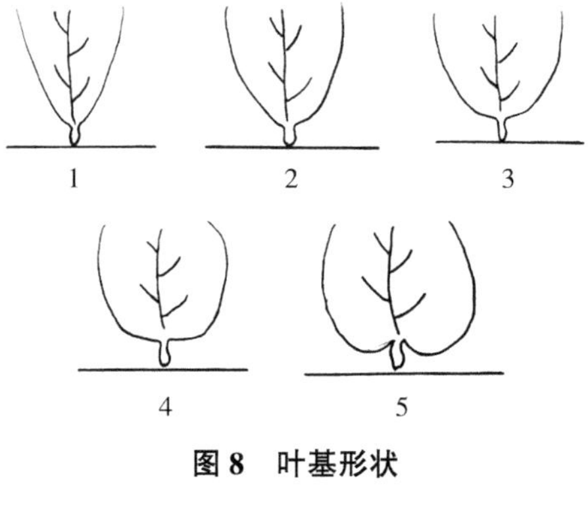

图 8　叶基形状

3.5.28　叶片颜色

生长枝中部成熟叶的色泽。

1　　浅绿

2　　绿

3　　深绿

3.5.29　叶片茸毛

生长枝中部成熟叶片茸毛着生状态。

1 毡状

2 发状

3 糙硬毛

3.5.30 托叶形状

叶片托叶的形状（图 9）。

1 半椭圆形

2 半圆形

3 直角形

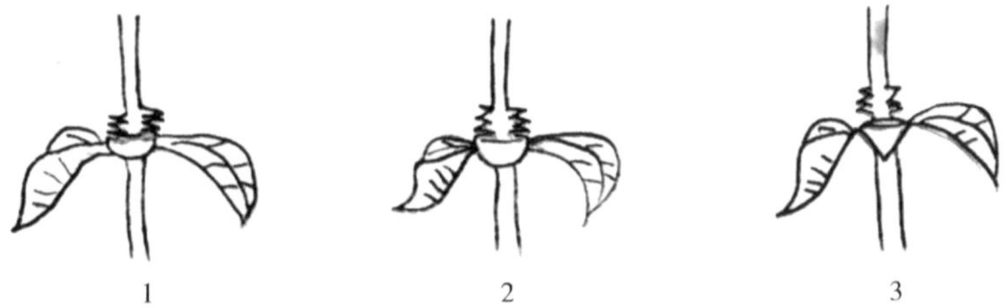

图 9 托叶形状

3.5.31 托叶方向

叶片托叶的着生方向（图 10）。

1 向上

2 垂直

3 向下

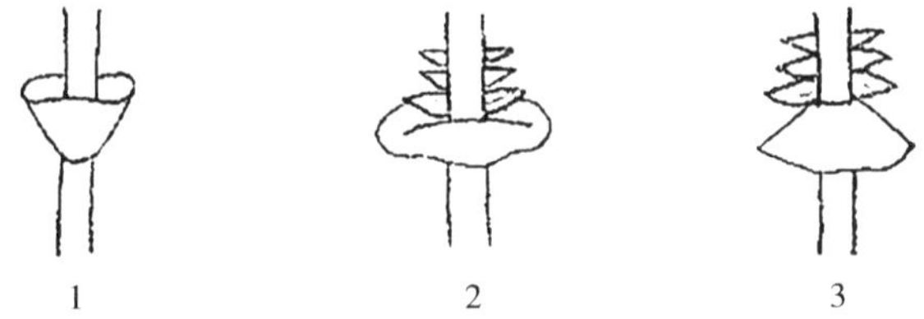

图 10 托叶方向

3.5.32 花冠颜色

花冠的颜色。

1 白

2 浅黄

3 黄

4 绿黄

5 玫瑰黄

3.5.33 花冠形状

花冠的形状（图 11）。

1 管状

2 窄喇叭状

3 喇叭状

4 风铃状

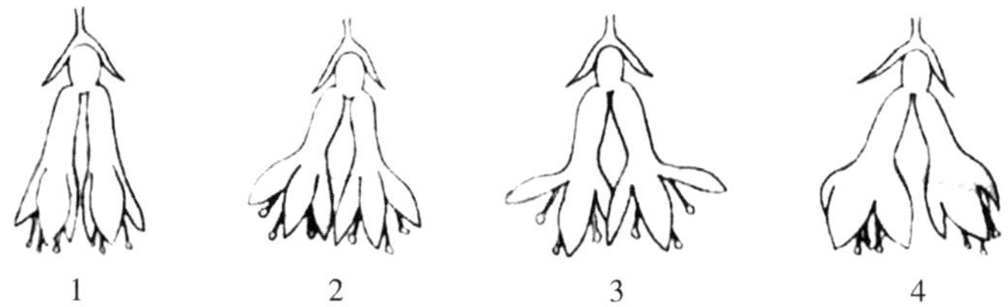

图 11 花冠形状

3.5.34 花冠茸毛

花冠上茸毛的多少。

0 无

1 稀

2 中

3 密

3.5.35 花冠茸毛形态

花冠上茸毛的着生状态。

1 毡状

2 发状

3 糙硬毛

3.5.36 花瓣姿态

花冠中花瓣的着生姿态。

1 闭合

2 半闭合

3 开张

4 向上卷

3.5.37 雄蕊位置

花冠中雄蕊相对于花瓣的位置（图 12）。

1 低于花瓣

2 平于花瓣

3　　高于花瓣

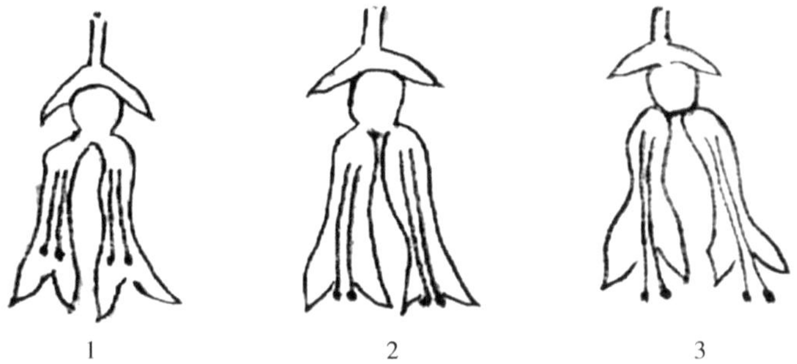

图 12　雄蕊位置

3.5.38　雄蕊数量

花冠中雄蕊的多少。

1　　少

2　　中

3　　多

3.5.39　花药颜色

雄蕊中花药的颜色。

1　　浅绿

2　　黄

3　　黄色带红

4　　紫红

3.5.40　花柱长度

花冠中花柱的长短。

1　　短

2　　中

3　　长

3.5.41　苞片形状

花冠中苞片的形状。

1　　直线形

2　　线状披针形

3　　披针形

3.5.42　苞片角度

花冠中苞片与花瓣的角度。

1　　锐角

2　　直角

3　　钝角

3.5.43　果实整齐度

成熟果实不整齐果所占的百分率，用变异系数表示。

1　　整齐

2　　较整齐

3　　中等

4　　较不整齐

5　　不整齐

3.5.44　单果重

成熟果实单个果实的质量。单位为 g。

3.5.45　果实表面

果实表面的光滑及皱褶程度（图 13）。

1　　光滑

2　　起伏不平

3　　具皱褶

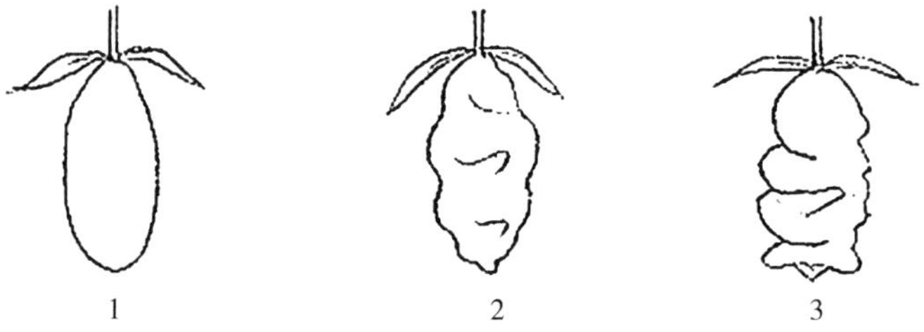

图 13　果实表面

3.5.46　果粉

果实的果粉有无及薄厚。

0　　无

1　　薄

2　　厚

3.5.47　果顶特征

果实顶部的着生形态（图 14）。

1　　凹

2　　平

3　　凸

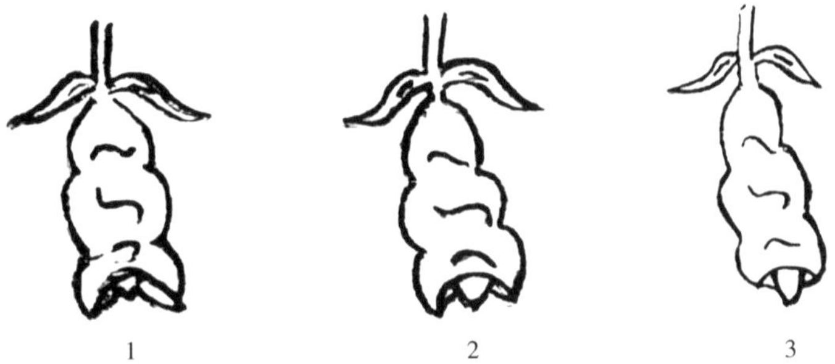

图 14 果顶特征

3.5.48 果实纵径

成熟果实纵向的长度（图 15）。单位为 cm。

3.5.49 果实横径

成熟果实横向最宽的宽度（图 15）。单位为 cm。

3.5.50 果柄长度

成熟果实的果柄长度（图 15）。单位为 mm。

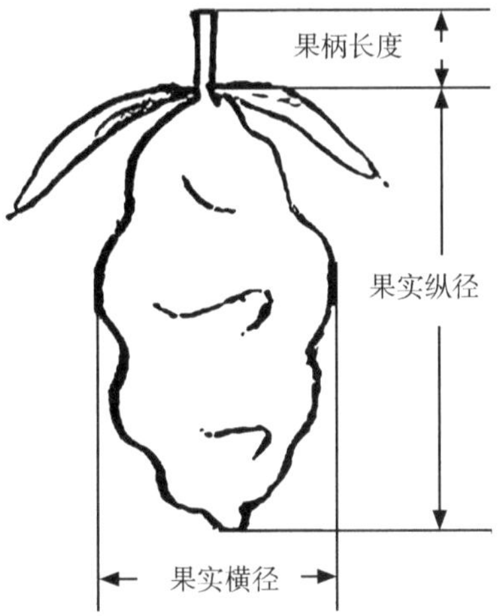

图 15 果实纵径、横径和果柄长度

3.5.51 种子数量

成熟果实的种子数量。

1　少
2　中
3　多

3.5.52 种子形状

成熟果实的种子形状。

1 圆形

2 卵圆形

3 卵形

3.5.53 种子颜色

成熟果实的种子颜色。

1 淡褐

2 褐

3 深褐

3.5.54 丰产性

6~8年生达产树，果实的单株产量多少。

1 低

2 较低

3 中

4 较高

5 高

3.5.55 始果年龄

植株定植后至结果的年限。

3.5.56 自花结实率

同一品种授粉结实的能力。

0 无

1 低

2 中

3 高

3.5.57 采前落果

6~8年生达产树，果实在临近成熟前脱落的程度。

0 无

1 少

2 中

3 多

3.5.58 萌芽期

全树从25%芽萌动日期，以“年月日”表示，格式为“YYYYMMDD”。

3.5.59 初花期

全树从5%花朵开放时的日期，以“年月日”表示，格式为“YYYYMM-

DD”。

3.5.60 盛花期

全树从25%花朵开放时的日期，以“年月日”表示，格式为“YYYYMM-DD”。

3.5.61 终花期

全树从75%花朵开放时的日期，以“年月日”表示，格式为“YYYYMM-DD”。

3.5.62 果实成熟期

全树从50%果实出现该品种固有颜色时的日期，以“年月日”表示，格式为“YYYYMMDD”。

3.5.63 果实发育期

果实从终花期到果实成熟期的天数。单位为d。

3.5.64 落叶期

全树从25%正常叶片脱落时的日期，以“年月日”表示，格式为“YYYYM-MDD”。

3.5.65 生育期

从萌芽期至落叶期的天数。单位为d。

3.6 品质特性

3.6.1 果实形状

成熟果实的形状（图16）。

1 卵圆形
2 椭圆形
3 长椭圆形
4 圆柱形
5 纺锤形
6 葫芦形
7 镰刀形

3.6.2 果皮颜色

成熟果实表面的颜色。

1 浅蓝
2 蓝
3 深蓝

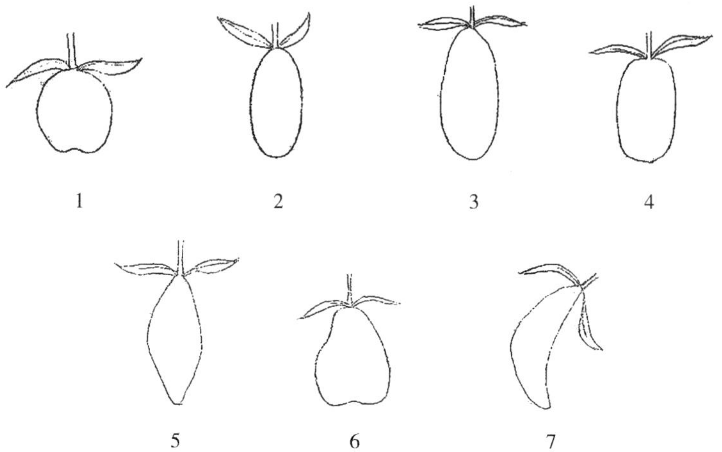

图 16　果实形状

3.6.3　果实香气

成熟果实的果香气味。

0　无
1　淡
2　浓

3.6.4　果实硬度

用果实硬度计测量果实肩部硬度。单位为 Pa。

3.6.5　果皮厚度

成熟果实的果皮厚薄。

1　薄
2　中
3　厚

3.6.6　果实甜酸度

成熟果实的甜酸口味。

1　酸
2　酸甜
3　微甜

3.6.7　果实苦味

成熟果实的苦味。

1　淡
2　中
3　浓

3.6.8 果肉质地

成熟果肉的软硬程度。

1 软

2 中

3 硬

3.6.9 果实贮藏期

果实成熟采摘后，在室温条件下贮藏，到失去固有风味、品质变质或15%以上果实腐烂时的天数。单位为 d。

3.6.10 可溶性固形物含量

挤压果实，将榨出的汁液滴到手持式折光仪上，观测果实可溶性固形物含量。以%表示。

3.6.11 可溶性糖含量

100g 鲜果所含可溶性糖的克数。以%表示。

3.6.12 可滴定酸含量

100g 鲜果所含可滴定酸的克数。以%表示。

3.6.13 维生素 C 含量

100g 鲜果所含维生素 C 的毫克数。单位为 mg/100g。

3.6.14 花色素苷含量

成熟果实提取花色素苷，用分光光度计比色测定花色素苷含量。单位为 mg/100g。

3.6.15 果实出汁率

果实成熟期，匀浆离心 500g 果实，所得果汁质量与果实质量比，计算出汁率。以%表示。

3.6.16 果汁颜色

成熟果实匀浆离心制成果汁的颜色。

1 红

2 深红

3 紫红

3.7 抗逆性

3.7.1 抗晚霜危害情况

晚霜发生后通过目测或镜检花器的受害情况，统计受害花的百分率。以%表示。

1 强

3 较强
5 中
7 较弱
9 弱

3.7.2 抗寒性

在不埋土越冬情况下，蓝果忍冬种质忍耐或抵抗冻害的能力。

1 强
3 较强
5 中
7 较弱
9 弱

3.7.3 抗涝性

蓝果忍冬种质忍耐或抵抗多湿水涝的能力。

1 强
3 较强
5 中
7 较弱
9 弱

3.7.4 抗旱性

蓝果忍冬种质忍耐或抵抗干旱的能力。

1 强
3 较强
5 中
7 较弱
9 弱

3.8 抗病虫性

3.8.1 白粉病抗性

蓝果忍冬种质对蓝果忍冬白粉病（*Sphaerotheca morsuvae*）的抗性强弱。

1 高抗（HR）
3 抗病（R）
5 中抗（MR）
7 感病（S）
9 高感（HS）

3.8.2 链格孢属叶斑病抗性

蓝果忍冬种质对链格孢属叶斑病（由 *Alternaria tenuissima* 和 *Alternaria alternata* 复合侵染）的抗性强弱。

1 高抗（HR）
3 抗病（R）
5 中抗（MR）
7 感病（S）
9 高感（HS）

3.8.3 胡萝卜微管蚜抗性

蓝果忍冬种质对胡萝卜微管蚜（*Semiaphis heraclei*）的抗性强弱。

1 高抗（HR）
3 抗（R）
5 中抗（MR）
7 感（S）
9 高感（HS）

3.9 其他特征特性

3.9.1 扦插成活率

蓝果忍冬种质一年生枝条扦插成活的能力。以%表示。

3.9.2 染色体数目

用常规压片或涂片法观察根尖或茎尖细胞的染色体数目。单位为条。

3.9.3 指纹图谱与分子标记

蓝果忍冬种质指纹图谱和重要性状的分子标记类型及其特征参数。

3.9.4 备注

蓝果忍冬种质特殊描述符或特殊代码的具体说明。

4 蓝果忍冬种质资源数据标准（数据字典）

序号	代号	描述符	字段名	字段英文名	字段类型	字段长度	字段小数位	单位	代码	代码英文名	例子
1	101	全国统一编号	统一编号	Accession number	C	10					LRA0000402
2	102	圃编号	圃编号	Repository number	C	10					ALR0000097
3	103	引种号	引种号	Introduction number	C	8					20020021
4	104	采集号	采集号	Collection number	C	10					2004220001
5	105	种质名称	种质名称	Accession name	C	30					蓝果忍冬
6	106	种质外文名	种质外文名	Alien name	C	40					Goluboye Vereteno
7	107	科名	科名	Family	C	30					Caprifoliaceae（忍冬科）
8	108	属名	属名	Genus	C	40					*Lonicera* Linn.（忍冬属）
9	109	学名	学名	Species	C	50					*L. caerulea*
10	110	原产国	原产国	Country of origin	C	16					中国
11	111	原产省	原产省	Province of origin	C	10					吉林
12	112	原产地	原产地	Origin	C	20					长白县马鹿沟镇
13	113	海拔	海拔	Altitude	N	5	0	m			1086

（续表）

序号	代号	描述符	字段名	字段英文名	字段类型	字段长度	字段小数位	单位	代码	代码英文名	例子
14	114	经度	经度	Longitude	N	6	0				12167
15	115	纬度	纬度	Latitude	N	5	0				4287
16	116	来源地	来源地	Sample source	C	20					长白县马鹿沟镇
17	117	保存单位	保存单位	Donor institute	C	30					吉林省农业科学院果树研究所
18	118	保存单位编号	单位编号	Donor accession number	C	9					DBND0063
19	119	保存资源类型	保存类型	Type of conserved resource	C	6			1：植株 2：种子 3：花粉 4：培养物 5：DNA 6：其他	1：Plant 2：Seed 3：Pollen 4：Cultured tissues 5：DNA 6：Other	植株
20	120	种质类型	种质类型	Biological status of accession	C	8			1：野生资源 2：地方品种 3：选育品种 4：品系 5：遗传材料 6：其他	1：Wild 2：Traditional cultivar 3：Advanced/improved cultivar 4：Breeding line 5：Genetic stock 6：Other	品系
21	121	系谱	系谱	Pedigree	C	50					
22	122	选育单位	选育单位	Breeding institute	C	30					东北农业大学
23	123	育成年份	育成年份	Releasing year	N	4	0				2006
24	124	图像	图像	Image file name	C	30					JPG0402. jpg
25	125	观测地点	观测地点	Observation location	C	20					吉林公主岭

（续表）

序号	代号	描述符	字段名	字段英文名	字段类型	字段长度	字段小数位	单位	代码	代码英文名	例子
26	201	树姿	树姿	Tree posture	C	6			1：直立 2：半开张 3：开张	1：Upright 2：Semi-spreading 3：Spreading	开张
27	202	树冠	树冠	Tree crown	C	6			1：扁圆形 2：半圆形 3：圆形 4：椭圆形 5：圆锥形 6：倒圆锥形	1：Oblate 2：Semi-circular 3：Round 4：Elliptical 5：Conical 6：Inverted conical	圆形
28	203	株丛高	株丛高	Bush height	N	5	1	cm			120.0
29	204	树势	树势	Tree vigor	C	2			1：弱 2：中 3：强	1：Weak 2：Intermediate 3：Strong	中
30	205	骨干枝颜色	骨干枝颜色	Color of skeleton branch	C	6			1：灰 2：灰褐 3：褐 4：黄褐 5：红褐 6：紫褐	1：Gray 2：Grayish brown 3：Brown 4：Yellowish brown 5：Reddish brown 6：Purple brown	褐
31	206	骨干枝枝条密度	枝条密度	Shoot density	C				1：稀 2：中 3：密	1：Sparse 2：Medium 3：Dense	稀
32	207	一年生枝生长方向	一年枝方向	Growth direction of one-year-old shoot	C	4			1：向上 2：水平 3：向下	1：Acclivous 2：Horizontal 3：Drooping	向上

（续表）

序号	代号	描述符	字段名	字段英文名	字段类型	字段长度	字段小数位	单位	代码	代码英文名	例子
33	208	一年生枝节间长度	节间长度	Internode length	N	4	1	cm			2.3
34	209	一年生枝颜色	一年枝颜色	Color of one-year-old shoot	C	3			1：灰褐 2：褐 3：黄褐	1：Grey brown 2：Brown 3：tawny	灰褐
35	210	一年生枝茸毛	一年枝茸毛	Pubescence of one-year-old shoot	N	4	1	个	0：无 1：稀 2：中 3：密	0：None 1：Sparse 2：Medium 3：Dense	稀少
36	211	新梢颜色	新梢颜色	New shoot color	C	4			1：绿白 2：浅红	1：Green-white 2：Slightly red	绿白
37	212	新梢茸毛	新梢茸毛	New shoot pubescence	C	2			0：无 1：稀 2：中 3：密	0：None 1：Sparse 2：Medium 3：Dense	稀
38	213	顶芽形状	顶芽形状	Shape of terminal bud	C	6			1：短椭圆形 2：椭圆形 3：长椭圆形	1：Short-elliptical 2：Elliptical 3：Long-elliptical	长椭圆形
39	214	顶芽长度	顶芽长度	Length of terminal bud	N	4	1	mm			3.1
40	215	顶芽鳞片状态	顶芽鳞片状态	State of terminal bud scales	C	6			1：裂开 2：闭合	1：Rend 2：Closed	闭合

（续表）

序号	代号	描述符	字段名	字段英文名	字段类型	字段长度	字段小数位	单位	代码	代码英文名	例子
41	216	腋芽着生状态	腋芽状态	Insertion state of axillary bud	C	4			1：紧贴 2：弯曲 3：斜上 4：垂直 5：斜下	1：Clingy 2：Curvy 3：Acclivous 4：Upright 5：Declinate	弯曲
42	217	幼叶颜色	幼叶颜色	Young leaf color					1：浅绿 2：绿 3：深绿	1：Light green 2：Green 3：Dark green	深绿
43	218	幼叶表面茸毛	幼叶表面茸毛	Pubescence on the surface of young leaf	C	2			0：无 1：稀 2：中 3：密	0：None 1：Sparse 2：Medium 3：Dense	稀
44	219	幼叶背面茸毛	幼叶背面茸毛	Pubescence on the abaxial surface of young leaf	C	10			0：无 1：仅在叶脉上 2：整个表面	0：None 1：Only on the nervation 2：On the whole surface	仅在叶脉上
45	220	叶姿	叶姿	Posture of leaf in relation to shoot	C	6			1：斜向上 2：水平 3：向下	1：Acclivous 2：Horizontal 3：Drooping	向下
46	221	叶面状态	叶面状态	State of leaf surface	C	6			1：平 2：波形 3：凸 4：凹	1：Even 2：Undee 3：Protruding 4：Concave	凹
47	222	叶片长度	叶片长度	Leaf length	N	4	1	cm			8.6
48	223	叶片宽度	叶片宽度	Leaf width	N	4	1	cm			3.9

（续表）

序号	代号	描述符	字段名	字段英文名	字段类型	字段长度	字段小数位	单位	代码	代码英文名	例子
49	224	叶柄长度	叶柄长度	Petiole length	N	4	1	mm			2.4
50	225	叶片形状	叶片形状	Leaf shape	C	6			1：圆形 2：椭圆形 3：长圆形 4：披针形	1：Round 2：Elliptical 3：Long circle 4：Lanceolate	椭圆形
51	226	叶尖形状	叶尖形状	leaf apex shape	C	6			1：渐尖 2：尖 3：钝尖	1：Acuminate 2：Acute 3：Obtuse	渐尖
52	227	叶基形状	叶基形状	Leaf base shape	C	6			1：楔形 2：阔楔形 3：圆形 4：截形 5：心形	1：Cuneate 2：Broad cuneate 3：Round 4：Section 5：Cordate	阔楔形
53	228	叶片颜色	叶片颜色	Leaf color	C	6			1：浅绿 2：绿 3：深绿	1：Light green 2：Green 3：Dark green	暗绿
54	229	叶片茸毛	叶片茸毛	Leaf pubescence	C	6			1：毡状 2：发状 3：糙硬毛	1：Blanketlike 2：Filiform 3：Rough-hard	发状
55	230	托叶形状	托叶形状	Stipule shape	C	8			1：半椭圆形 2：半圆形 3：直角形	1：Semi-elliptical 2：Semi-round 3：Right-angled	半椭圆形
56	231	托叶方向	托叶方向	Stipule direction	C	4			1：向上 2：垂直 3：向下	1：Upward 2：Upright 3：Downward	向上

（续表）

序号	代号	描述符	字段名	字段英文名	字段类型	字段长度	字段小数位	单位	代码	代码英文名	例子
57	232	花冠颜色	花冠颜色	Corolla color	C	6			1：白 2：浅黄 3：黄 4：绿黄 5：玫瑰黄	1：White 2：Buff 3：Yellow 4：Green-yellow 5：Rose-colored yellow	白
58	233	花冠形状	花冠形状	Corolla shape	C	8			1：管状 2：窄喇叭状 3：喇叭状 4：风铃状	1：Tubal 2：Narrowly trumpet-shaped 3：Trumpet-shaped 4：Windbell-shaped	管状
59	234	花冠茸毛	花冠茸毛	Corolla pubescence	C	2			0：无 1：稀 2：中 3：密	0：None 1：Sparse 2：Medium 3：Dense	无
60	235	花冠茸毛形态	花冠茸毛形态	Corolla pubescence morphology	C	6			1：毡状 2：发状 3：糙硬毛	1：Blanketlike 2：Filiform 3：Rough-hard	毡状
61	236	花瓣姿态	花瓣姿态	Petal posture	C	4			1：闭合 2：半闭合 3：开张 4：向上卷	1：Closed 2：Half-closed 3：Open 4：Acock	闭合
62	237	雄蕊位置	雄蕊位置	Stamen position	C	8			1：低于花瓣 2：平于花瓣 3：高于花瓣	1：Below petal 2：Same level as petal 3：Above petal	低于花瓣

（续表）

序号	代号	描述符	字段名	字段英文名	字段类型	字段长度	字段小数位	单位	代码	代码英文名	例子
63	238	雄蕊数量	雄蕊数量	Number of stamen	C	2			1：少 2：中 3：多	1：Few 2：Intermediate 3：Many	少
64	239	花药颜色	花药颜色	Anther color	C	8			1：浅绿 2：黄 3：黄色带红 4：紫红	1：Light green 2：Yellow 3：Yellow with slightly red 4：Purple-red	黄
65	240	花柱长度	花柱长度	Style length	C	2			1：短 2：中 3：长	1：Short 2：Intermediate 3：Long	长
66	241	苞片形状	苞片形状	Bract shape	C	10			1：直线形 2：线状披针形 3：披针形	1：Linear 2：Linear-lanceolate 3：Lanceolate	直线形
67	242	苞片角度	苞片角度	Bract angel	C	4			1：锐角 2：直角 3：钝角	1：Sharp angle 2：Right angle 3：Obtuse angle	直角
68	243	果实整齐度	果实整齐度	Fruit uniformity	C	8			1：整齐 2：较整齐 3：中等 4：较不整齐 5：不整齐	1：Regular 2：Less regular 3：Intermediate 4：Less irregular 5：Irregular	
69	244	单果重	单果重	Weight per berry	N	4	1	g			2.8
70	245	果实表面	果实表面	Berry surface	C	2			1：光滑 2：起伏不平 3：具皱褶	1：Smooth 2：Undulant 3：Crapy	光滑

（续表）

序号	代号	描述符	字段名	字段英文名	字段类型	字段长度	字段小数位	单位	代码	代码英文名	例子
71	246	果粉	果粉	Berry bloom	C	2			0：无 1：薄 2：厚	0：Absent 1：Thin 2：Thick	无
72	247	果顶特征	果顶特征	Characteristic of berry top					1：凹 2：平 3：凸	1：Concave 2：Even 3：Protruding	凹
73	248	果实纵径	果实纵径	Longitudinal diameter of berry	N	6	1	cm			
74	249	果实横径	果实横径	Transverse diameter of berry	N	6	1	cm			
75	250	果柄长度	果柄长度	Berry stalk length	N	4	1	mm			12.3
76	251	种子数量	种子数量	Number of seeds	C	2			1：少 2：中 3：多	1：Few 2：Intermediate 3：Many	少
77	252	种子形状	种子形状	Seed shape	C	6			1：圆形 2：卵圆形 3：卵形	1：Round 2：Ovate-round 3：Ovate	卵圆形
78	253	种子颜色	种子颜色	Seed color	C	6			1：淡褐 2：褐 3：深褐	1：Light brown 2：Brown 3：Deep brown	淡褐
79	254	丰产性	丰产性	Capability of fertility	C	4			1：低 2：较低 3：中 4：较高 5：高	1：Extremely Low 2：Low 3：Intermediate 4：High 5：Extremely High	较高

（续表）

序号	代号	描述符	字段名	字段英文名	字段类型	字段长度	字段小数位	单位	代码	代码英文名	例子
80	255	始果年龄	始果年龄	Initial bearing age	N	2					6
81	256	自花结实率	自花结实率	Fruiting rate by self-pollination	C	2			0：无 1：低 2：中 3：高	0：None 1：Low 2：Intermediate 3：High	低
82	257	采前落果	采前落果	Preharvest fruit drop	C	2			0：无 1：少 2：中 3：多	0：None 1：Few 2：Medium 3：Many	少
83	258	萌芽期	萌芽期	Date of sprouting	D	8					20040402
84	259	初花期	初花期	Date of early blooming	D	8					20030503
85	260	盛花期	盛花期	Date of full blooming	D	8					20030506
86	261	终花期	终花期	Date of final blooming	D	8					20030508
87	262	果实成熟期	果实成熟期	Date of berry maturity	D	8					20030715
88	263	果实发育期	果实发育期	Development period of berry	N	3	0	d			50
89	264	落叶期	落叶期	Date of defoliation	D	8					20041025
90	265	生育期	生育期	Period of growing duration	N	3	0	d			160

（续表）

序号	代号	描述符	字段名	字段英文名	字段类型	字段长度	字段小数位	单位	代码	代码英文名	例子
91	301	果实形状	果实形状	Berry shape	C	8			1：卵圆形 2：椭圆形 3：长椭圆形 4：圆柱形 5：纺锤形 6：葫芦形 7：镰刀形	1：Round 2：Elliptical 3：Long-elliptical 4：Cylinder 5：Spindle 6：Gourd-like 7：Sickle-like	椭圆形
92	302	果实颜色	果实颜色	Berry color	C	4			1：浅蓝 2：蓝 3：深蓝	1：Light blue 2：Blue 3：Deep blue	深蓝
93	303	果实香气	果实香气	Berry aroma	C	2			0：无 1：淡 2：浓	0：Absent 1：Weak 2：Strong	淡
94	304	果实硬度	果实硬度	Berry hardness	N	6	1	帕			53.4
95	305	果皮厚度	果皮厚度	Seedcase thickness	C	2			1：薄 2：中 3：厚	1：Thin 2：Intermediate 3：Thick	薄
96	306	果实酸甜度	果实酸甜度	Acidity and sweetness of berry	C	4			1：酸 2：酸甜 3：微甜	1：Acid 2：Sweet-acid 3：Taste sweet	酸甜
97	307	果实苦味	果实苦味	Berry bitterness	C	2			1：淡 2：中 3：浓	1：Weak 2：Intermediate 3：Strong	中
98	308	果肉质地	果肉质地	Flesh texture	C	2			1：软 2：中 3：硬	1：Soft 2：Intermediate 3：Hard	硬

（续表）

序号	代号	描述符	字段名	字段英文名	字段类型	字段长度	字段小数位	单位	代码	代码英文名	例子
99	309	果实贮藏期	贮藏期	Storage period of berry	N	2	0	d			10
100	310	可溶性固形物含量	固形物	Soluble solid content	N	4	1	%			10.3
101	311	可溶性糖含量	可溶性糖	Soluble sugar content	N	6	2	%			11.32
102	312	可滴定酸含量	可滴定酸	Titratable acidity content	N	5	2	%			0.36
103	313	维生素 C 含量	维生素 C	Vitamin C content	N	6	2	mg/100g			140.2
104	314	花色素苷含量	花色素苷	Anthocyanin content	N	5	2	mg/100g			10.3
105	315	果实出汁率	果实出汁率	Juice extraction ratio	N	4	1	%			69.5
106	316	果汁颜色	果汁颜色	Juice color	C	6			1：红 2：深红 3：紫红	1：red 2：dark red 3：purplish red	深红
107	401	抗晚霜危害情况	抗晚霜危害	Resistance to late frost	C	4			1：强 3：较强 5：中 7：较弱 9：弱	1：Extremely strong 3：Strong 5：Intermediate 7：Weak 9：Extremely weak	较强

（续表）

序号	代号	描述符	字段名	字段英文名	字段类型	字段长度	字段小数位	单位	代码	代码英文名	例子
108	402	抗寒性	抗寒性	Cold resistance	C	4			1：强 3：较强 5：中 7：较弱 9：弱	1：Extremely strong 3：Strong 5：Intermediate 7：Weak 9：Extremely weak	较强
109	403	抗涝性	抗涝性	Waterlogging resistance	C	4			1：强 3：较强 5：中 7：较弱 9：弱	1：Extremely strong 3：Strong 5：Intermediate 7：Weak 9：Extremely weak	较强
110	404	抗旱性	抗旱性	Drought resistance	C	4			1：强 3：较强 5：中 7：较弱 9：弱	1：Extremely strong 3：Strong 5：Intermediate 7：Weak 9：Extremely weak	较强
111	501	白粉病抗性	白粉病抗性	Resistance to powdery mildew	C	4			1：高抗 3：抗病 5：中抗 7：感病 9：高感	1：High resistant 3：Resistant 5：Moderate resistant 7：Susceptible 9：High susceptible	高抗
112	502	链格孢属叶斑病抗性	叶斑病抗性	Resistance to leaf spot disease	C	4			1：高抗 3：抗病 5：中抗 7：感病 9：高感	1：High resistant 3：Resistant 5：Moderate resistant 7：Susceptible 9：High susceptible	中抗

（续表）

序号	代号	描述符	字段名	字段英文名	字段类型	字段长度	字段小数位	单位	代码	代码英文名	例子
113	503	胡萝卜微管蚜抗性	微管蚜抗性	Resistance to semiaphisheraclei Takahashi	C	4			1：高抗 3：抗 5：中抗 7：感 9：高感	1：High resistant 3：Resistant 5：Moderate resistant 7：Susceptible 9：High susceptible	抗
114	601	扦插成活率	扦插成活率	Survival percentage of cutting	N	4	1	%			63.5
115	602	染色体数目	染色体数目	Chromosome number	N	3	0	条			16
116	603	指纹图谱与分子标记	分子标记	Molecular marker	C	40					
117	604	备注	备注	Remarks	C	30					

5 蓝果忍冬种质资源数据质量控制规范

5.1 范围

本规范规定了蓝果忍冬种质资源数据采集过程中的质量控制内容。

本规范适用于蓝果忍冬种质资源的整理、整合和共享。

5.2 引用标准

下列文件中的条款通过本规范的引用而成为本规范的条款。凡是注日期的引用文件，其随后所有的修改单（不包括勘误的内容）或修订版均不适用于本规范。然而，鼓励根据本标准达成协议的各方研究是否可使用这些文件的最新版本。凡是不注日期的引用文件，其最新版本适用于本规范。

ISO 3166　Codes for the Representation of Names of Countries

GB/T 2659　世界各国和地区名称代码

GB/T 2260　中华人民共和国行政区划代码

GB/T 12404　单位隶属关系代码

GB/T 6194　水果、蔬菜可溶性糖的测定方法

GB/T 12295—1990　水果、蔬菜制品　可溶性固形物含量的测定　折射仪法

GB/T 12293　水果、蔬菜制品可滴定酸度的测定方法

GB/T 8855—1988　新鲜水果和蔬菜的取样方法

GB/T 8858—1988　水果、蔬菜产品中干物质和水分含量的测定方法

GB/T 6195—1986　水果、蔬菜维生素 C 含量测定方法（2,6-二氯靛酚滴定法）

5.3 数据质量控制的基本方法

5.3.1 形态特征和生物学特性观测试验设计

5.3.1.1　试验地点

试验地点的气候和生态条件应能够满足蓝果忍冬植株的正常生长及其性状的

正常表达。

5.3.1.2 田间设计

以每株成龄树为1个试验小区，设3次重复，连续观察2年以上。在每个试验小区中，花序、花、芽、枝、叶片、果观察10个，贮藏期、出汁率用500g果实，各物候期以整株为单位，测定可溶性固形物、果糖、果酸、维生素C的果实按国家标准取样。

5.3.2 栽培环境条件控制

蓝果忍冬植株易受生长环境条件影响，因此待测植株要求土质、肥力中等且均匀的土壤条件。

5.3.3 参照品种和保护行设置

形态特征和生物学特性观测试验应设置参照品种，试验地周围应设保护行。参照品种是指在蓝果忍冬形态特征和生物学特性观测试验中，用于性状分级的参照标准、辅助判断试验可靠性的品种。

5.3.4 数据采集

形态特征和生物学特性观测试验原始数据的采集应在种质正常生长情况下获得。如遇自然灾害等因素严重影响植株正常生长，应重新进行观测试验和数据采集。

5.3.5 试验数据统计分析和校验

每份种质的形态特征和生物学特性观测数据依据参照品种进行校验。将所获得的大量的观测数据资料，应用生物统计的方法进行整理分析，了解各种性状的变异程度、相关系数和差异显著情况，判断其试验结果的可靠性范围。

5.4 基本情况数据

5.4.1 全国统一编号

全国统一编号由“LR”+国家圃代码+7位顺序号组成的10位字符串，如“LRA0000402”，LR代表蓝果忍冬，A为国家寒地果树种质资源圃（公主岭）代码，后7位为顺序码，从“0000001”到“9999999”，代表具体蓝果忍冬种质的编号。全国统一编号具有唯一性。

5.4.2 圃编号

圃编号由国家圃代码+“LR”+7位顺序号组成的10位字符串，如ALR0000097，A为国家寒地果树种质资源圃（公主岭）代码，LR代表蓝果忍冬，后7位顺序号从“0000001”到“9999999”，代表具体蓝果忍冬种质的编号。只有已进入国家果树种质圃保存的种质才有种质圃编号。每份种质具有唯一的种质圃编号。

5.4.3 引种号

引种号是由年份加4位顺序号组成的8位字符串，如“19940024”，前4位表示种质从境外引进年份，后4位为顺序号，从“0001”到“9999”。每份引进种质具有唯一的引种号。

5.4.4 采集号

采集号由年份加2位省份代码加顺序号组成的10位字符串，如“1992220018”，前4位表示种质从野外采集时年份，中间两位表示吉林省，后4位为顺序码，从“0001”到“9999”。

5.4.5 种质名称

国内种质的原始名称，如果有多个名称，可以放在英文括号内，用英文逗号分隔，如“种质名称1（种质名称2，种质名称3）”；国外引进种质如果没有中文译名，可以直接填写种质的外文名。

5.4.6 种质外文名

国外引进种质的外文名和国内种质的汉语拼音名。每个汉字的汉语拼音之间空一格，每个汉字汉语拼音的首字母大写，如“Bei Lei”。国外引进种质的外文名应注意大小写和空格。

5.4.7 科名

科名由拉丁名加英文括号内的中文名组成，如“Caprifoliaceae（忍冬科）”。如没有中文名，直接填写拉丁名。

5.4.8 属名

属名由拉丁名加英文括号内的中文名组成，如“*Lonicera* Linn.（忍冬属）”。如没有中文名，直接填写拉丁名。

5.4.9 学名

学名由拉丁名加英文括号内的中文名组成，如 *L. edulis*（蓝靛果忍冬）、*L. altaica*（阿尔泰忍冬）等。如没有中文名，直接填写拉丁名。

5.4.10 原产国

蓝果忍冬种质原产国家名称、地区名称或国际组织名称。国家和地区名称参照ISO 3166和GB/T 2659，如该国家已不存在，应在原国家名称前加“原”。如“原苏联”。国家组织名称用该组织的外文名缩写，如“IPGRI”。

5.4.11 原产省

蓝果忍冬种质原产省份，省份名称参照GB /T 2260；国外引进种质原产省用原产国家一级行政区的名称。

5.4.12 原产地

国内蓝果忍冬种质的原产县、乡名称，不详的注明“不详”。县名参照GB /T 2260。

5.4.13 海拔

蓝果忍冬种质原产地的海拔。单位为 m。

5.4.14 经度

蓝果忍冬种质原产地的经度，单位为度和分。格式为 DDDFF，其中 DDD 为度，FF 为分。东经为正值，西经为负值，例如，“12125”代表东经 121°25′，“-10209”代表西经 102°9′。

5.4.15 纬度

蓝果忍冬种质原产地的纬度，单位为度和分。格式为 DDFF，其中 DD 为度，FF 为分。北纬为正值，南纬为负值，例如，“3208”代表北纬 32°8′，“-2542”代表南纬 25°42′。

5.4.16 来源地

蓝果忍冬种质的来源国家、省、县名称，地区名称或国际组织名称。国家、地区和国际组织名称同 5.4.10，省和县名称参照 GB /T 2260。

5.4.17 保存单位

蓝果忍冬种质资源提交国家种质圃前的保存单位名称。

5.4.18 保存单位编号

蓝果忍冬种质在原保存单位中的种质编号。保存单位编号在同一保存单位应具有唯一性。

5.4.19 保存资源类型

蓝果忍冬种质保存类型。分为：

1　植株
2　种子
3　花粉
4　培养物
5　DNA
6　其他

5.4.20 种质类型

蓝果忍冬种质的来源类型。分为：

1　野生资源
2　地方品种
3　选育品种
4　品系
5　遗传材料
6　其他

5.4.21 系谱

蓝果忍冬选育品种（系）的血缘关系，即系谱（家谱、家系）或杂交组合名称。例如，我国选育的品种‘蓝精灵’的系谱为“蓓蕾×蓝鸟”。

5.4.22 选育单位

选育蓝果忍冬品种（系）的单位名称或个人。单位名称应写全称，例如“吉林省农业科学院（中国农业科技东北创新中心）果树研究所”。

5.4.23 育成年份

蓝果忍冬品种（系）培育成功的年份。例如“1980”“2002”等。

5.4.24 图像

蓝果忍冬种质的图像文件名，图像格式为 .jpg。图像文件名由统一编号加“-”加序号加“.jpg”组成。如有多个图像文件，图像文件名用英文分号分隔，如“LRA0000402-1.jpg; LRA0000402-2.jpg”。图像对象主要包括植株、花、果实、特异性状等。图像要清晰，对象要突出。

5.4.25 观测地点

蓝果忍冬种质形态特征和生物学特性的观测地点，记录到省和县名，如“吉林公主岭”。

5.5 形态特征和生物学特性

5.5.1 树姿

在植株落叶后，以试验小区为观测对象，用量角器测量基生枝或枝丛侧枝与垂直于地平面方向的夹角。

根据树姿的模式图及有关说明，确定种质的树姿。

1　直立（夹角＜40°）

2　半开张（40°≤夹角＜60°）

3　开张（60°≤夹角＜90°）

5.5.2 树冠

在植株落叶后，以试验小区为观测对象，采用目测法观察未整形枝丛的树冠形状。

根据树姿的模式图，确定种质的树冠。

1　扁圆形

2　半圆形

3　圆形

4　椭圆形

5　圆锥形

6　倒圆锥形

5.5.3 株丛高

在植株落叶后，以试验小区为观测对象，测量株丛从地表到顶部的高度，记录实测数据，单位为 cm。计算平均值，精确到 0.1cm。

5.5.4 树势

在植株落叶后至防寒前，以试验小区为观测对象，观测植株的株高、冠径和新梢生长量，结合树龄综合评价，确定种质的树势。

1　弱
2　中
3　强

5.5.5 骨干枝颜色

在植株落叶后，以试验小区为观测对象，在正常一致的光照条件下，采用目测法观察构建树冠的多年生枝的颜色。

根据观察结果，与 RHS 植物比色卡上相应代码的颜色进行比较，按照最大相似原则，确定种质的多年生枝条色泽。

1　灰（FAN4　197C）
2　灰褐（FAN4　199A）
3　褐（FNA4　N200B）
4　黄褐（FAN4　N199C）
5　红褐（FAN4　200D）
6　紫褐（FAN4　200B）

上述没有列出的其他色泽，需要另外给予详细的描述和说明。

5.5.6 骨干枝枝条密度

在植株落叶后，以试验小区为观测对象，采用目测法观察 10cm 骨干枝抽生枝条的多少，确定种质的骨干枝枝条密度。

1　稀（＜5）
2　中（5~8）
3　密（＞8）

5.5.7 一年生枝生长方向

在植株落叶后，以试验小区为观测对象，采用目测法观察一年生枝条生长与树体所成的角度方向。

根据一年生枝生长方向的模式图及有关说明，确定种质的一年生枝生长方向。

1　向上
2　水平

3　　下垂

5.5.8　一年生枝节间长度

在植株落叶后，从每个试验小区随机抽取一年生枝条 10 条，测量枝条从基部至顶端的长度，用一年生枝条的长度除以枝条的节数，即枝条长度/节数，记录实测数据，单位为 cm。计算平均值，精确到 0.1cm。

5.5.9　一年生枝颜色

以 5.5.8 中采集的一年生枝条为观测对象，在正常一致的光照条件下，采用目测法观察一年生枝条的色泽。

根据观察结果，与 RHS 植物比色卡 RHS 植物比色卡上相应代码的颜色进行比较，按照最大相似原则，确定种质的一年生枝条色泽。

1　　灰褐（FAN4　199A）

2　　褐（FNA4　N200B）

3　　黄褐（FAN4　N199C）

上述没有列出的其他色泽，需要另外给予详细的描述和说明。

5.5.10　一年生枝茸毛

以 5.5.8 中采集的一年生枝条为观测对象，采用目测法观察一年生枝条茸毛的多少，确定种质的一年生枝茸毛。

0　　无

1　　稀

2　　中

3　　密

5.5.11　新梢颜色

在新梢停止生长期，以试验小区为观测对象，采集 10 条新梢，采用目测法观察新梢的颜色，确定种质的新梢颜色。

1　　绿白（FAN3　128D）

2　　浅红（FAN1　43D）

5.5.12　新梢茸毛

以 5.5.11 中采集的新梢为观测对象，采用目测法观察新梢上茸毛的多少，确定种质的新梢茸毛。

0　　无

1　　稀

2　　中

3　　密

5.5.13　顶芽形状

以 5.5.11 中采集的新梢为观测对象，采用目测法观察新梢生长末期顶芽形状。

根据顶芽的模式图，确定种质的顶芽形状。

1 短椭圆形

2 椭圆形

3 长椭圆形

5.5.14 顶芽长度

以 5.5.11 中采集的新梢为观测对象，用游标卡尺测量顶芽从基部至顶端的长度，确定种质的顶芽长度。单位为 mm。

5.5.15 顶芽鳞片状态

以 5.5.11 中采集的新梢为观测对象，采用目测法观察新梢生长末期顶芽鳞片着生状态，确定种质的顶芽鳞片状态。

1 裂开

2 闭合

5.5.16 腋芽着生状态

以 5.5.11 中采集的新梢为观测对象，采用目测法观察新梢生长末期腋芽相对枝条的着生姿势，确定种质的腋芽相对于枝的方向。

1 紧贴

2 弯曲

3 斜上

4 垂直

5 斜下

5.5.17 幼叶颜色

采集新梢上幼叶为观测对象，采用目测法观察幼叶的颜色，与 RHS 植物比色卡上相应代码的颜色进行比较，按照最大相似原则，确定种质的幼叶颜色。

1 浅绿（FAN3 141D）

2 绿（FAN3 141B）

3 深绿（FAN3 133A）

5.5.18 幼叶表面茸毛

在新梢生长期，以试验小区为观测对象，采用目测法观察 10 个幼叶表面茸毛的多少，确定种质的幼叶表面茸毛。

0 无

1 稀

2 中

3 密

5.5.19 幼叶背面茸毛

以5.5.17中采集的幼叶为观测对象，采用目测法观察幼叶背面茸毛的多少，确定种质的幼叶背面茸毛。

0 无

1 仅在叶脉上

2 整个表面

5.5.20 叶姿

在新梢停止生长期，以试验小区为观测对象，采集生长枝中部成熟叶片，采用目测法观察这些成熟叶片的着生状态。

根据叶姿的模式图及有关说明，确定种质的叶姿。

1 斜向上

2 水平

3 向下

5.5.21 叶面状态

以5.5.20中采集的叶片为观测对象，采用目测法观察生长枝中部成熟叶片的生长形态，确定种质的叶面状态。

1 平

2 波形

3 凸

4 凹

5.5.22 叶片长度

在春梢停止生长期到落叶前，从每个试验小区随机抽取叶片10片，测量生长枝中部成熟叶的叶片基部至叶先端的长度，记录实测数据，计算平均值。单位为cm，精确到0.1cm。

5.5.23 叶片宽度

以5.5.22中采集的叶片为观测对象，测量生长枝中部成熟叶的叶片最宽部位的宽度，记录实测数据，计算平均值。单位为cm，精确到0.1cm。

5.5.24 叶柄长度

以5.5.22中采集的叶片为观测对象，测量生长枝中部成熟叶片的叶柄长度，记录实测数据，计算平均值。单位为mm，精确到0.1mm。

5.5.25 叶片形状

以5.5.22中采集的叶片为观测对象，采用目测法观察生长枝中部成熟叶的形状。

根据叶片形状的模式图，确定种质的叶片形状。

1 圆形

2　椭圆形

3　长圆形

4　披针形

5.5.26　叶尖形状

以5.5.22中采集的叶片为观测对象，采用目测法观察生长枝中部成熟叶片的叶尖形状。

根据叶尖形状的模式图，确定种质的叶尖形状。

1　渐尖

2　尖

3　钝尖

5.5.27　叶基形状

以5.5.22中采集的叶片为观测对象，采用目测法观察生长枝中部成熟叶片的叶基形状。

根据叶基形状的模式图，确定种质的叶基形状。

1　楔形

2　阔楔形

3　圆形

4　截形

5　心形

5.5.28　叶片颜色

以5.5.22中采集的叶片为观测对象，在正常一致的光照条件下，采用目测法观察生长枝中部成熟叶片正面的颜色。

根据观察结果，与RHS植物比色卡上相应代码的颜色进行比较，按照最大相似原则，确定种质的叶片颜色。

1　浅绿（FAN3　41D）

2　绿（FAN3　141B）

3　深绿（FAN3　139A）

上述没有列出的其他叶色，需要另外给予详细的描述和说明。

5.5.29　叶片茸毛

以5.5.22中采集的叶片为观测对象，采用目测法观察生长枝中部成熟叶片的茸毛着生状态，确定种质的叶片茸毛。

1　毡状

2　发状

3　糙硬毛

5.5.30　托叶形状

以 5.5.22 中采集的叶片为观测对象，采用目测法观察生长枝中部成熟叶片托叶的形状。

根据托叶形状的模式图，确定种质的托叶形状。

1　半椭圆形

2　半圆形

3　直角形

5.5.31　托叶方向

以 5.5.22 中采集的叶片为观测对象，采用目测法观察生长枝中部成熟叶片托叶的着生方向。

根据托叶方向的模式图，确定种质的托叶方向。

1　向上

2　垂直

3　向下

5.5.32　花冠颜色

在开花期，以试验小区为观测对象，从每个试验小区随机选取 10 朵花，在正常一致的光照条件下，采用目测法观察花冠的颜色。

根据观察结果，与 RHS 植物比色卡上相应代码的颜色进行比较，按照最大相似原则，确定种质的花冠颜色。

1　白（FAN4　155B）

2　浅黄（FAN4　1D）

3　黄（FAN1　2B）

4　绿黄（FAN3　149B）

5　玫瑰黄（FAN1　N25C）

上述没有列出的其他花冠颜色，需要另外给予详细的描述和说明。

5.5.33　花冠形状

以 5.5.32 中采集的花为观测对象，采用目测法观察花冠的形状。

根据花冠形状的模式图，确定种质的花冠形状。

1　管状

2　窄喇叭状

3　喇叭状

4　风铃状

5.5.34　花冠茸毛

以 5.5.32 中采集的花为观测对象，采用目测法观察花冠上茸毛的多少，确定种质的花冠茸毛。

0 无

1 稀

2 中

3 密

5.5.35 花冠茸毛形态

以 5.5.32 中采集的花为观测对象，采用目测法观察花冠上茸毛的着生状态，确定种质的花冠茸毛形态。

1 毡状

2 发状

3 糙硬毛

5.5.36 花瓣姿态

以 5.5.32 中采集的花为观测对象，采用目测法观察花冠中花瓣的着生姿态，确定种质的花瓣姿态。

1 闭合

2 半闭合

3 开张

4 向上卷

5.5.37 雄蕊位置

以 5.5.32 中采集的花为观测对象，采用目测法观察花冠中雄蕊的长短，确定种质的雄蕊位置。

1 低于花瓣

2 平于花瓣

3 高于花瓣

5.5.38 雄蕊数量

以 5.5.32 中采集的花为观测对象，采用目测法观察花冠中雄蕊的多少，确定种质的雄蕊数量。

1 少

2 中

3 多

5.5.39 花药颜色

以 5.5.32 中采集的花为观测对象，采用目测法观察花冠雄蕊中花药的颜色，与 RHS 植物比色卡上相应代码的颜色进行比较，按照最大相似原则，确定种质的花药颜色。

1 浅绿（FAN3 140D）

2 黄（FAN1 7C）

3　　黄色带红

4　　紫红（FAN1　53A）

5.5.40　花柱长度

以5.5.32中采集的花为观测对象，采用目测法观察花冠中花柱的长短，确定种质的花柱长度。

1　　短

2　　中

3　　长

5.5.41　苞片形状

以5.5.32中采集的花为观测对象，采用目测法观察花冠中苞片的形状，确定种质的苞片形状。

1　　直线形

2　　线状披针形

3　　披针形

5.5.42　苞片角度

以5.5.32中采集的花为观测对象，采用目测法观察花冠中苞片与花瓣的角度，确定种质的苞片角度。

1　　锐角

2　　直角

3　　钝角

5.5.43　果实整齐度

在果实成熟期，以试验小区为观测对象，用电子秤或台秤称一定量的浆果，计算平均数，每10个果为一组，分成n个组，计算标准差求得变异系数。

计算公式为：

$$CV(\%) = \frac{S}{\bar{X}} \times 100$$

其中：CV——变异系数；

S——标准差，$S = \frac{\sqrt{\sum (X - \bar{X})^2}}{n - 1}$；

X——10个果的平均值；

n——浆果所分成的组数；

$\bar{X}$——平均数。

用变异系数分成5级，确定种质的浆果整齐度。

1　　整齐（CV<10.0%）

2　　较整齐（10.0%≤*CV*<20.0%）

3　　中等（20%≤*CV*<30.0%）

4　　较不整齐（30%≤*CV*<40.0%）

5　　不整齐（*CV*≥40.0%）

5.5.44　单果重

以5.5.43中一组采集的果实为观测对象，用电子秤或台秤称量10个果实的质量，计算平均单果重，单位为g，精确到0.1g。

5.5.45　果实表面

以5.5.43中采集的果实为观测对象，采用目测法观察果实表面的光滑及皱褶程度。

根据果实表面的模式图，确定种质的果实表面。

1　　光滑

2　　起伏不平

3　　具皱褶

5.5.46　果粉

以5.5.43中采集的果实为观测对象，采用目测法观察果实果粉的有无及薄厚，确定种质的果粉。

0　　无

1　　薄

2　　厚

5.5.47　果顶特征

以5.5.43中采集的果实为观测对象，采用目测法观察果实顶部的着生形态，确定种质的果顶特征。

1　　凹

2　　平

3　　凸

5.5.48　果实纵径

以5.5.43中一组采集的果实为观测对象，用游标卡尺测量果实纵径，记录实测数据，单位为cm。计算平均值，精确到0.01cm。

5.5.49　果实横径

以5.5.43中一组采集的果实为观测对象，用游标卡尺测量果实横径最大宽度，记录实测数据，单位为cm。计算平均值，精确到0.01cm。

5.5.50　果柄长度

以5.5.43中一组采集的果实为观测对象，用游标卡尺测量果柄长度，记录实测数据，单位为mm。计算平均值，精确到0.1mm。

5.5.51 种子数量

以5.5.43中一组采集的果实为观测对象，将果实剖开取出种子，采用目测法观察种子的多少，确定种质的种子数量。

1 少

2 中

3 多

5.5.52 种子形状

以5.5.51中使用的种子为观测对象，采用目测法观察种子的形状，确定种质的种子形状。

1 圆形

2 卵圆形

3 卵形

5.5.53 种子颜色

以5.5.51中使用的种子为观测对象，采用目测法观察种子的颜色，确定种质的种子颜色。

1 淡褐（FAN4 199C）

2 褐（FAN4 N199B）

3 深褐（FAN4 200B）

5.5.54 丰产性

选择盛果期树，在果实成熟期，以试验小区为观测对象，测量单株的产量，根据单株产量确定种质的丰产性。

1 低（产量＜200g）

2 较低（200g≤产量＜300g）

3 中（300g≤产量＜400g）

4 较高（400g≤产量＜500g）

5 高（产量≥500g）

5.5.55 始果年龄

观察植株开花坐果情况，计算定植至第一次结果的年限，确定种质的始果年龄。单位为a。

5.5.56 自花结实率

在开花期，采集同一品种花粉，以试验小区为观测对象，随机选取10个花序，在花蕾期点授同品种花粉并标记，再用果袋隔离，生理落果后摘袋，调查坐果率，确定种质的自花结实率。

0 无（自花结实率=0）

1 低（自花结实率＜10%）

2 中（10%≤自花结实率<30%）

3 高（自花结实率≥30%）

5.5.57 采前落果

在临近采收期，以试验小区为观测对象，计算落果的百分率，确定种质的采前落果程度。

0 无（落果率=0）

1 少（落果率<5%）

2 中（5%≤落果率<25%）

3 多（落果率≥25%）

5.5.58 萌芽期

在芽萌动时，以试验小区为观测对象，目测观察。记录全树从25%芽萌动时的日期。表示方法为“年月日”，格式“YYYYMMDD”。如“19920418”，表示1992年4月18日萌芽。

5.5.59 初花期

在花期，以试验小区为观测对象，采用目测法观察，记录全树从5%花朵开放时的日期。表示方法和格式同5.5.58。

5.5.60 盛花期

在花期，以试验小区为观测对象，采用目测法观察，记录全树从25%花朵开放时的日期。表示方法和格式同5.5.58。

5.5.61 终花期

在花期，以试验小区为观测对象，采用目测法观察，记录全树从75%花朵开放时的日期。表示方法和格式同5.5.58。

5.5.62 果实成熟期

在果实成熟时，以试验小区为观测对象，采用目测法观察，记录全树从50%果实出现该品种固有颜色时的日期。表示方法和格式同5.5.58。

5.5.63 果实发育期

在果实成熟期，以试验小区为观测对象，计算从终花期到果实成熟期的天数，单位为d。

5.5.64 落叶期

在落叶期，以试验小区为观测对象，采用目测法观察，记录全树从25%正常叶片脱落时的日期。表示方法和格式同5.5.58。

5.5.65 生育期

在落叶期，以试验小区为观测对象，统计从萌芽期至落叶期的天数，记录生育期，单位为d。

5.6 品质特性

5.6.1 果实形状

在果实成熟期，以试验小区为观测对象，随机选取 10 个果实，采用目测法观察成熟果实的形状。

根据果实形状的模式图，确定种质的果实形状。

1 卵圆形

2 椭圆形

3 长椭圆形

4 圆柱形

5 纺锤形

6 葫芦形

7 镰刀形

5.6.2 果实颜色

以 5.6.1 中采集的果实为观测对象，在正常一致的光照条件下，采用目测法观察果皮颜色。

根据观察结果，与标准色卡上相应代码的颜色进行比较，按照最大相似原则，确定种质的果皮颜色。

1 浅蓝（FAN2 100A）

2 蓝（FAN2 102A）

3 深蓝（FAN4 103A）

上述没有列出的其他果皮颜色，需要另外给予详细的描述和说明。

5.6.3 果实香气

以 5.6.1 中采集的果实为观测对象，品闻果香气味的有无及浓淡，确定种质的果实香气。

0 无

1 淡

2 浓

5.6.4 果实硬度

以 5.6.1 中采集的果实为观测对象，用浆果硬度计（FHM-1）测量果实肩部硬度，单位为 Pa，并计算平均值，精确到 0.1Pa。

5.6.5 果皮厚度

以 5.6.1 中采集的果实为观测对象，随机选取 10 个果实剖开，采用目测法观察果皮的薄厚，确定种质的果皮厚度。

1 薄

2 中

3 厚

5.6.6 果实酸甜度

以 5.6.5 中剖开的果实为观测对象，品尝果实的甜酸味道，确定种质的果实酸甜度。

1 酸

2 酸甜

3 微甜

5.6.7 果实苦味

以 5.6.5 中剖开的果实为观测对象，品尝果实的苦味，确定种质的果实苦味。

1 淡

2 中

3 浓

5.6.8 果肉质地

以 5.6.5 中剖开的果实为观测对象，感官评价果肉质地的软硬，确定种质的果肉质地。

1 软

2 中

3 硬

5.6.9 果实贮藏期

果实成熟采摘后，以试验小区为观测对象，取 500g 果实，在室温条件下贮藏，到失去固有风味、品质变质或 15%以上果实腐烂时的天数。单位为 d。

5.6.10 可溶性固形物含量

以 5.6.5 中采集的果实为观测对象，挤压剖开的果实，将榨出的汁液滴到手持式折光仪上，按照 GB/T 12295—1990 测定果实可溶性固形物，记录实测数据，以%表示。计算平均值，精确到 0.1%。

5.6.11 可溶性糖含量

在果实成熟期，以试验小区为观测对象，按照 GB/T 6194 测定果实的可溶性糖，记录实测数据，以%表示。计算平均值，精确到 0.01%。

5.6.12 可滴定酸含量

在果实成熟期，以试验小区为观测对象，按照 GB/T 12293 测定果实的可滴定酸度，记录实测数据，以%表示。计算平均值，精确到 0.01。

5.6.13 维生素 C 含量

在果实成熟期，以试验小区为观测对象，按照 GB/T 6195—1986 测定果实的维生素 C 含量，记录实测数据，单位为 mg/100g。计算平均值，精确到 0.01mg/100g。

5.6.14 花色素苷含量

在果实成熟期，以试验小区为观测对象，取 100g 鲜果，提取花色素苷，用分光光度计比色，测量花色素苷含量，记录实测数据，单位为 mg/100g。计算平均值，精确到 0.01mg/100g。

5.6.15 果实出汁率

在果实成熟期，以试验小区为观测对象，用 500g 果实榨汁，计算出汁率，记录实测数据，以%表示。计算平均值，精确到 0.1%。

计算公式为：

$$出汁率（\%）=\frac{果汁量}{果实重量}\times 100。$$

5.6.16 果汁颜色

以 5.6.15 中采集的果汁为观测对象，在正常一致的光照条件下，采用目测法观察果汁颜色。

根据观察结果，与 RHS 植物比色卡上相应代码的颜色进行比较，按照最大相似原则，确定种质的果汁颜色。

1　红（FAN1　41A）

2　深红（FAN1　45A）

3　紫红（FAN1　46A）

上述没有列出的其他果汁颜色，需要另外给予详细的描述和说明。

5.7 抗逆性

5.7.1 抗晚霜危害情况

在晚霜发生后，以试验小区为观测对象，目测或镜检花朵的受害情况，统计受害花朵的百分率。

根据花朵受害情况计算受害率，公式为：

$$FR(\%)=\frac{Sn}{N}\times 100$$

其中：FR——花朵受害率；

Sn——受害花数；

N——调查总花数。

抗晚霜危害情况鉴定结果的统计分析和校验参照 5.3.5。

抗晚霜危害情况根据花朵受害率分为 5 级。

1　强（$FR<5$）

3　较强（$5\leqslant FR<20$）

5　中（$20\leqslant FR<50$）

7　较弱（$50\leqslant FR<90$）

9　弱（$FR\geqslant 90$）

5.7.2 抗寒性

在 4 月中旬，以试验小区为观测对象，植株萌芽后，在不埋土越冬情况下，观察枝条的冻害情况，冻害级别根据受害情况分为 6 级。

级别	冻害情况
0	未发生冻害
1	髓薄壁细胞或原生木质部分有轻微冻害
2	髓薄壁细胞或原生木质部有冻害，后生木质部有轻微冻害
3	髓薄壁细胞或原生木质部冻害严重，后生木质部有冻害，初生皮层与表皮层内壁有轻微冻害
4	髓薄壁细胞或原生木质部冻害很严重，后生、次生、初生木质部与初生皮层、表皮内壁有冻害
5	髓、原生木质部冻害极严重，后、次、初生木质部与初生皮层冻害严重，表皮层内壁有冻害；严重者形成层受冻，枝条死亡

根据冻害级别计算冻害指数，计算公式为：

$$FI(\%)=\frac{\sum(s_i\times n_i)}{5N}\times 100$$

其中：FI——冻害指数；

s_i——各级冻害级值；

n_i——各级冻害株数；

i——冻害分级的各个级别；

N——调查总枝条数。

抗寒性鉴定结果的统计分析和校验参照 5.3.5。

抗寒性根据冻害指数分为 5 级。

1　强（$FI<5$）

3　较强（$5\leqslant FI<20$）

5　中（$20\leqslant FI<50$）

7　较弱（$50\leqslant FI<90$）

9　弱（$FI\geqslant 90$）

5.7.3 抗涝性（参考方法）

选择植株高度、粗度、根系发育较一致的三年生组培苗，移栽至有遮雨设施的防渗苗床内，每份种质设 3 次重复，每重复保证 30 株苗。栽后进行正常管理，待新梢长到 20cm 左右时，往苗床内灌水，使试材始终保持在水淹状态，以正常管理植株为对照。水淹后 15d、20d、30d，分别对试材叶片进行涝害程度调查。涝害级别根据叶片受害情况分为 6 级。

级别	与对照植株比较
0 级	与对照无差异
1 级	20%叶片受害
2 级	21%~30%叶片受害
3 级	31%~40%叶片受害
4 级	41%~50%叶片受害
5 级	50%以上叶片受害

根据涝害级别计算涝害指数，计算公式为：

$$WI(\%) = \frac{\sum (s_i \times n_i)}{5N} \times 100$$

其中：WI——涝害指数；

s_i——各级涝害级值；

n_i——各级涝害株数；

i——涝害分级的各个级别；

N——调查总叶数。

抗涝性鉴定结果的统计分析和校验参照 5.3.5。

用不同水淹天数调查结果得到的涝害指数求得平均值进行评价。

抗涝性根据涝害指数分为 5 级。

1　强（$WI<30$）

3　较强（$30\leqslant WI<50$）

5　中（$50\leqslant WI<60$）

7　较弱（$60\leqslant WI<70$）

9　弱（$WI\geqslant 70$）

5.7.4 抗旱性（参考方法）

选择植株高度、粗度、根系发育较一致的三年生组培苗，移栽至有遮雨设施的防渗苗床内，每份种质设 3 次重复，每重复保证 30 株苗。栽后进行正常管理，待新梢长到 20cm 左右时，停止浇水，使土壤自然干旱，使土壤含水量达到 35%，以正常管理植株为对照。停止浇水后 15d、20d、30d，分别对试材进行旱害程度调查，旱害级别根据叶片受害情况分为 6 级。

级别　　与对照植株比较
0 级　　与对照无差异
1 级　　20%叶片受害
2 级　　21%~30%叶片受害
3 级　　31%~40%叶片受害
4 级　　41%~50%叶片受害
5 级　　50%以上叶片受害

根据旱害级别计算旱害指数，计算公式为：

$$DrI(\%) = \frac{\sum (s_i \times n_i)}{5N} \times 100$$

其中：DrI——旱害指数；
s_i——各级旱害级值；
n_i——各级旱害株数；
i——旱害分级的各个级别；
N——调查总叶数。

抗旱性鉴定结果的统计分析和校验参照 5. 3. 5。

用不同干旱天数调查结果得到的旱害指数求得平均值进行评价。

抗旱性根据旱害指数分为 5 级。

1　　强（$DrI<30$）
3　　较强（$30\leqslant DrI<50$）
5　　中（$50\leqslant DrI<60$）
7　　较弱（$60\leqslant DrI<70$）
9　　弱（$DrI\geqslant 70$）

5. 8　抗病虫性

5. 8. 1　白粉病抗性

白粉病的特征：

白粉病病原菌为子囊菌纲白粉菌目单囊白粉菌属醋栗单丝壳菌（*Sphaerotheca morsuvae*），病原菌在被害组织上及枝芽内越冬。发病初期主要在幼叶、嫩梢及果实上布满白粉，后期变褐色，导致枝条生长缓慢、落果、叶片畸形。

鉴定材料准备：

选择植株高度、粗度、根系发育较一致的扦插苗，4 月下旬连同营养钵放到苗床内，进行正常管理，备用。

6月下旬，在田间采集病叶、分离、培养，制成 2×10^4个/mL浓度的孢子液。

接种方法：

将制备的孢子液注入手持喷雾器，进行喷雾接种，叶正反面均喷，接种后在温度25~28℃、相对湿度90%以上的环境下，保持18~24h，然后在温度18~25℃、相对湿度80%左右的温室中正常管理。每份种质设3次重复，每重复保证10株苗。

病情调查与分级标准：

于接种后7~10d调查发病情况，记录病叶数及病级。病级的分级标准如下：

病级	分级标准
0	无病斑
1	病斑面积占整个叶面积的10%以下
2	病斑面积占整个叶面积的11%~25%
3	病斑面积占整个叶面积的26%~40%
4	病斑面积占整个叶面积的41%~65%
5	病斑面积占整个叶面积的65%以上

根据病级计算感病指数，公式为：

$$DI(\%) = \frac{\sum (s_i \times n_i)}{5N} \times 100$$

其中：DI——病情指数；

s_i——发病级别；

n_i——相应发病级别的叶数；

i——病情分级的各个级别；

N——调查总叶数。

抗性鉴定结果的统计分析和校验参照3.3.5。

蓝果忍冬白粉病的抗性依感病指数分为5级。

1　高抗（HR）（$0<DI\leqslant10$）

3　抗病（R）（$10<DI\leqslant25$）

5　中抗（MR）（$25<DI\leqslant40$）

7　感病（S）（$40<DI\leqslant65$）

9　高感（HS）（$DI>65$）

5.8.2　链格孢属叶斑病抗性

蓝果忍冬链格孢属叶斑病的特征：

蓝果忍冬链格孢属叶斑病是由极细链格孢（*Alternaria tenuissima*）和链格孢

(*Alternaria alternata*) 复合侵染引起，受感染叶片最初表现为小的棕色和不规则的病变，后沿叶缘扩大为不规则的斑点，在适宜发病条件下，受感染叶片逐渐枯萎并从植株上脱落。

鉴定材料准备：

选择植株高度、粗度、根系发育较一致的扦插苗，4 月下旬连同营养钵放到苗床内，进行正常管理，备用。

接种体准备：

应选用在当地采集、分离并经柯赫氏法则验证后，通过形态学和分子生物学鉴定后的极细链格孢和链格孢或者实验室内保存的有代表性的菌株，在 PDA 培养基上扩繁培养后制成 10^6 个/mL 浓度的孢子液，备用。

接种方法：

接种宜在建植第二年 7 月进行抗病性鉴定。用喷雾器在下午 4 时后进行接种，喷至叶片表面和背面孢子悬浮液饱和。接种后用塑料布封闭保湿 48h 后移除塑料布，常规管理。每份种质设 3 次重复，每重复保证 10 株苗。

病情调查与分级标准：

每 3d 观察 1 次接种植株发病情况，待感病对照品种表现感或高感后，进行不同资源抗病性调查。调查分级标准以叶斑病的数量及病斑所占面积的比例为依据，调查主要是根据分级标准目测每份鉴定材料群体的发病状况。病情的分级标准如下：

病情级别	分级标准
1	植株叶片上无病斑或病斑占叶面积少于或等于 5%
3	植株少数叶片上有少量病斑，占叶面积 6%~10%
5	植株大部分叶片有病斑，且病斑占叶面积 11%~25%
7	植株绝大部分叶片有病斑，且病斑占叶面积 26%~50%
9	全株叶片基本为病斑覆盖，且病斑占叶面积大于 50%或叶片全部枯死

根据病级计算感病指数，公式为：

$$DI(\%) = \frac{\sum (s_i \times n_i)}{5N} \times 100$$

其中：DI——病情指数；

s_i——发病级别；

n_i——相应发病级别的叶数；

i——病情分级的各个级别；

N——调查总叶数。

当对照材料达到其相应感病程度（7 级或 9 级），该批次鉴定视为有效。抗性鉴定结果的统计分析和校验参照 3. 3. 5。

蓝果忍冬叶斑病抗性依感病指数分为 5 级。

1　高抗（HR）（0＜*DI*≤10）

3　抗病（R）（10＜*DI*≤25）

5　中抗（MR）（25＜*DI*≤40）

7　感病（S）（40＜*DI*≤65）

9　高感（HS）（*DI*＞65）

5. 8. 3　胡萝卜微管蚜抗性

胡萝卜微管蚜特征：

胡萝卜微管蚜（*Semiaphisheraclei* Takahashi）属同翅目、蚜科。胡萝卜微管蚜虫浅绿色，红眼睛。在树枝芽苞处以卵越冬。芽苞开放时幼虫孵化钻入松软的芽内，吸吮嫩叶汁。后移到叶片背后吸吮叶的汁液，经两周变成无翅孤雌蚜，直接产出若虫 40 多个。有翅雌蚜于盛夏出现，在林中飞行，形成新的蚜虫群体。该虫一年发生十几代。叶子受害后扭曲，严重的会变黄脱落。在个别高温干旱年份，蓝果忍冬蚜虫严重危害蓝果忍冬林的生长和果实产量。

虫害调查与分级标准：

在蚜虫发生期，用田间自然调查的方法，在按照 GB/T 17980 农药田间药效试验准则喷洒杀菌剂的自然条件下，采集虫害叶片调查虫害情况。

根据虫害情况计算虫害率，公式为：

$$DR(\%) = \frac{Dn}{N} \times 100$$

其中：*DR*——虫害率；

Dn——虫害叶片数；

N——调查叶片数。

抗性鉴定结果的统计分析和校验参照 5. 3. 5。

胡萝卜微管蚜抗性可分为 5 级。

1　高抗（0＜*DR*≤10）

2　抗（10＜*DR*≤25）

3　中抗（25＜*DR*≤40）

4　感（40＜*DR*≤65）

5　高感（*DR*＞65）

5.9 其他特征特性

5.9.1 扦插成活率

在6月中下旬，蓝果忍冬枝条半木质化时期将其截成10~15cm的枝段，上方保留1~2片叶，扦插在厚25cm的细沙床上，弥雾保湿7~10d，每组30株，3次重复，第30天时调查扦插成活率，记录实测数据，以%表示。

5.9.2 染色体数目

在细胞分裂旺盛期，采用常规压片或涂片法观察细胞染色体数目。根据需要采集幼芽、幼叶、根尖、花蕾等，切取1cm左右，放入0.05%秋水仙碱溶液中，在4℃条件下预处理20~24h，Carnoy溶液固定10~12 h，转入70%酒精中在4℃下贮存备用。1 mol/L HCl室温下解离10~15 min，卡红染色和压片，镜检。取样个数应在5个以上，总细胞数30个以上。

5.9.3 指纹图谱与分子标记

对进行过指纹图谱分析或重要性状分子标记的蓝果忍冬种质，记录指纹图谱或分子标记的方法，并注明所用引物、特征带的分子大小或序列以及所标记的性状和连锁距离。

5.9.4 备注

蓝果忍冬种质特殊描述符或特殊代码的具体说明。

6 蓝果忍冬种质资源数据采集表

1. 基本情况描述信息					
全国统一编号（1）			圃编号（2）		
引种号（3）			采集号（4）		
种质名称（5）			种质外文名（6）		
科名（7 ）			属名（8）		
学名（9）			原产国（10）		
原产省（11）			原产地（12）		
海拔（13）			经度（14）		
纬度（15）			来源地（16）		
保存单位（17）			保存单位编号（18）		
保存资源类型（19）	1：植株　2：种子　3：花粉　4：培养物　5：DNA　6：其他				
种质类型（20）	1：野生资源　2：地方品种　3：选育品种　4：品系 5：遗传材料　6：其他				
系谱（21）			选育单位（22）		
育成年份（23）		图像（24）		观测地点（25）	

2. 农艺性状描述信息			
树姿（26）	1：直立　2：半开张　3：开张		
树冠（27）	1：扁圆形　2：半圆形　3：圆形　4：椭圆形　5：圆锥形 6：倒圆锥形		
株丛高（28）	cm	树势（29）	1：弱　2：中 3：强
骨干枝颜色（30）	1：灰　2：灰褐　3：褐　4：黄褐　5：红褐　6：紫褐		
骨干枝枝条密度（31）	1：稀　2：中　3：密		
一年生枝生长方向（32）	1：向上　2：水平　3：下垂	一年生枝节间长度（33）	cm
一年生枝颜色（34）	1：灰褐　2：褐　3：黄褐		

（续表）

一年生枝茸毛（35）	0：无 1：稀 2：中 3：密	新梢颜色（36）	1：绿白 2：浅红
新梢茸毛（37）	0：无 1：稀 2：中 3：密	顶芽形状（38）	1：短椭圆 2：椭圆 3：长椭圆
顶芽长度（39）	mm	顶芽鳞片状态（40）	1：裂开 2：闭合
腋芽着生状态（41）	1：紧贴 2：弯曲 3：斜上 4：垂直 5：斜下		
幼叶颜色（42）	1：浅绿 2：绿 3：深绿	幼叶表面茸毛（43）	0：无 1：稀 2：中 3：密
幼叶背面茸毛（44）	0：无 1：仅在叶脉上 2：整个表面		
叶姿（45）	1：斜向上 2：水平 3：向下		
叶面状态（46）	1：平 2：波形 3：凸 4：凹	叶片长度（47）	cm
叶片宽度（48）	cm	叶柄长度（49）	mm
叶片形状（50）	1：圆形 2：椭圆形 3：长圆形 4：披针形		
叶尖形状（51）	1：渐尖 2：尖 3：钝尖		
叶基形状（52）	1：楔形 2：阔楔形 3：圆形 4：截形 5：心形		
叶片颜色（53）	1：浅绿 2：绿 3：深绿		
叶片茸毛（54）	1：毡状 2：发状 3：糙硬毛		
托叶形状（55）	1：半椭圆形 2：半圆形 3：直角形		
托叶方向（56）	1：向上 2：垂直 3：向下		
花冠颜色（57）	1：白 2：浅黄 3：黄 4：绿黄 5：玫瑰黄		
花冠形状（58）	1：管状 2：窄喇叭状 3：喇叭状 4：风铃状		
花冠茸毛（59）	0：无 1：稀 2：中 3：密		
花冠茸毛形态（60）	1：毡状 2：发状 3：糙硬毛		
花瓣姿态（61）	1：闭合 2：半闭合 3：开张 4：向上卷		
雄蕊位置（62）	1：低于花瓣 2：平于花瓣 3：高于花瓣		
雄蕊数量（63）	1：少 2：中 3：多		
花药颜色（64）	1：浅绿 2：黄 3：黄色带红 4：紫红		
花柱长度（65）	1：短 2：中 3：长		
苞片形状（66）	1：直线形 2：线状披针形 3：披针形		

（续表）

苞片角度（67）	1：锐角　2：直角 3：钝角		
果实整齐度（68）	1：整齐　2：较整齐　3：中等　4：较不整齐　5：不整齐		
单果重（69）	g	果实表面（70）	1：光滑　2：起伏不平 3：具皱褶
果粉（71）	0：无　1：薄 2：厚	果顶特征（75）	1：凹　2：平　3：凸
果实纵径（73）	cm	果实横径（74）	cm
果柄长度（75）	mm	种子数量（76）	1：少　2：中　3：多
种子形状（77）	1：圆形　2：卵圆形 3：卵形	种子颜色（78）	1：淡褐　2：褐 3：深褐
丰产性（79）	1：低　2：较低　3：中　4：较高　5：高		
始果年龄（80）		自花结实率（81）	0：无　1：低　2：中 3：高
采前落果（82）	0：无　1：少 2：中　3：多	萌芽期（83）	
初花期（84）		盛花期（85）	
终花期（86）		果实成熟期（87）	
果实发育期（88）	d	落叶期（89）	
生育期（90）	d		
3. 品质性状描述信息			
果实形状（91）	1：卵圆形　2：椭圆形　3：长椭圆形　4：圆柱形　5：纺锤形 6：葫芦形　7：镰刀形		
果实颜色（92）	1：浅蓝　2：蓝　3：深蓝		
果实香气（93）	0：无　1：淡　2：浓	果实硬度（94）	Pa
果皮厚度（95）	1：薄　2：中　3：厚		
果实酸甜度（96）	1：酸　2：酸甜　3：微甜		
果实苦味（97）	1：淡　2：中　3：浓		
果肉质地（98）	1：软　2：中　3：硬	果实贮藏期（99）	d
可溶性固形物含量（100）	%	可溶性糖含量（101）	%
可滴定酸含量（102）	%	维生素 C 含量（103）	mg/100g

（续表）

花色素苷含量（104）	mg/100g	果实出汁率（105）	%
果汁颜色（106）	1：红　2：深红　3：紫红		
4. 抗逆性状描述信息			
抗晚霜危害情况（107）	1：强　3：较强　5：中　7：较弱　9：弱		
抗寒性（108）	1：强　3：较强　5：中　7：较弱　9：弱		
抗涝性（109）	1：强　3：较强　5：中　7：较弱　9：弱		
抗旱性（110）	1：强　3：较强　5：中　7：较弱　9：弱		
5. 抗病虫性状描述信息			
白粉病抗性（111）	1：高抗　3：抗病　5：中抗　7：感病　9：高感		
链格孢属叶斑病抗性（112）	1：高抗　3：抗病　5：中抗　7：感病　9：高感		
胡萝卜微管蚜抗性（113）	1：高抗　3：抗　5：中抗　7：感　9：高感		
6. 其他特征特性描述信息			
扦插成活率（114）	%	染色体数目（116）	条
指纹图谱与分子标记（115）		备注（117）	

填表人：　　　　　　　　　　审核：　　　　　　　　　　日期：

7 蓝果忍冬种质资源利用情况报告格式

7.1 种质利用概况

当年提供利用的种质类型、份数、份次、提供单位数等。

7.2 种质利用效果及效益

包括当年和往年提供利用后育成的品种、品系、创新材料、生物技术利用、环境生态、开发创收等社会经济和生态效益。

7.3 种质利用存在的问题和经验

重视程度、组织管理、资源研究等。

8　蓝果忍冬种质资源利用情况登记表

<table>
<tr><td>种质名称</td><td colspan="5"></td></tr>
<tr><td>提供单位</td><td></td><td>提供日期</td><td></td><td>提供数量</td><td>克
粒</td></tr>
<tr><td>提供种质
类　　型</td><td colspan="5">地方品种□　育成品种□　品系□　国外引进品种□　野生种□
近缘植物□　遗传材料□　突变体□　　其他□</td></tr>
<tr><td>提供种质
形　　态</td><td colspan="5">植株（苗）□　果实□　籽粒□　根□　茎（插条）□　叶□　芽□
花（粉）□　组织□　细胞□　DNA□　其他□</td></tr>
<tr><td colspan="4">已编入国家资源目录□　　　　　国家统一编号：</td><td colspan="2">未编入国家资源目录□</td></tr>
<tr><td colspan="4">已入国家种质资源库圃□　　　　库圃位编号：</td><td colspan="2">未入国家种质资源库圃□</td></tr>
<tr><td colspan="4">已入各作物或省（区、市）中期库□　中期库位编号：</td><td colspan="2">未入中期库□</td></tr>
<tr><td colspan="6">提供种质的优异性状及利用价值：</td></tr>
<tr><td>利用单位</td><td colspan="2"></td><td>利用时间</td><td colspan="2"></td></tr>
<tr><td>利用目的</td><td colspan="5"></td></tr>
<tr><td colspan="6">利用途径：</td></tr>
<tr><td colspan="6">取得实际利用效果：</td></tr>
</table>

种质利用单位盖章　　　　　　　　年　月　日　　　　种质利用者签名：

主要参考文献

戴宝合，1993. 野生植物资源学．北京：农业出版社.

董启凤，1998. 中国果树实用新技术大全：落叶果树卷．北京：中国农业科技出版社.

桂明珠，胡宝忠，2002. 小浆果栽培生物学．北京：中国农业出版社.

霍俊伟，高云丽，张利军，等，2022. 蓝靛果种质资源描述规范．哈尔滨：黑龙江省市场监督管理局.

霍俊伟，杨国慧，睢薇，等，2005. 蓝果忍冬（*Lonicera caerulea*）种质资源研究进展．园艺学报，32（1）：159-164.

霍俊伟，张妍，2020. 小浆果果品营养学．北京：科学出版社.

李淑芹，李延冰，都昌杰，1994. 野生植物：蓝果营养成分研究．东北农业大学学报，25（4）：401-404.

李亚东，2024. 浆果栽培学．北京：中国农业出版社.

李永刚，刘金鑫，曹宝祥，等，2023. 蓝靛果链格孢属叶斑病抗性鉴定技术规程．哈尔滨：哈尔滨市市场监督管理局.

张玉星，2011. 果树栽培学总论．4 版．北京：中国农业出版社.

中国科学院中国植物志编辑委员会，1988. 中国植物志（第七十二卷）．北京：科学出版社.

周以良，1986. 黑龙江树木志．哈尔滨：黑龙江人民出版社.

Azin L A，1987. Carbohydrates and organic acids in *Lonicera caerulea* L. fruits and their products. Rastitel'nye-Resursy，23（3）：449-454.

Guo L C，Qiao J L，Artem S，et al.，2024. Breeding trends on blue honeysuckle（*Lonicera caerulea* L.），Plant breeding，143（4）：552.

Machida K，Kikuchi M，1995. An "iridoid glucoside" from *Lonicera caerulea*. Phytochemistry，40（2）：603-604.

Yan H H，Mi Y Z，Man Z J，et al.，2023. First report of leaf spot disease caused by *Alternaria tenuissima* on *Lonicera caerulea* L. in Heilongjiang Province，China. Plant disease，107：3298.

Zhang M，Ma X M，Zhen Xiao Z，et al.，2023. Polyphenols in twenty cultivars of blue honeysuckle（*Lonicera caerulea* L.）：Profiling，antioxidant capacity，and α-amylase inhibitory activity. Food Chemistry，421：136148.

Zhu C Q，Zhang L J，Gao Y L，et al.，2022. Two novel blue honeysuckle（*Lonicera caerulea* L.）cultivars：Lanjingling and Wulan. Hortscience，57（9）：1145-1147.

《农作物种质资源技术规范》丛书

分　册　目　录

1　总论

1-1　农作物种质资源基本描述规范和术语
1-2　农作物种质资源收集技术规程
1-3　农作物种质资源整理技术规程
1-4　农作物种质资源保存技术规程

2　粮食作物

2-1　水稻种质资源描述规范和数据标准
2-2　野生稻种质资源描述规范和数据标准
2-3　小麦种质资源描述规范和数据标准
2-4　小麦野生近缘植物种质资源描述规范和数据标准
2-5　玉米种质资源描述规范和数据标准
2-6　大豆种质资源描述规范和数据标准
2-7　大麦种质资源描述规范和数据标准
2-8　高粱种质资源描述规范和数据标准
2-9　谷子种质资源描述规范和数据标准
2-10　黍稷种质资源描述规范和数据标准
2-11　燕麦种质资源描述规范和数据标准
2-12　荞麦种质资源描述规范和数据标准
2-13　甘薯种质资源描述规范和数据标准
2-14　马铃薯种质资源描述规范和数据标准
2-15　籽粒苋种质资源描述规范和数据标准
2-16　小豆种质资源描述规范和数据标准
2-17　豌豆种质资源描述规范和数据标准
2-18　豇豆种质资源描述规范和数据标准
2-19　绿豆种质资源描述规范和数据标准
2-20　普通菜豆种质资源描述规范和数据标准
2-21　蚕豆种质资源描述规范和数据标准
2-22　饭豆种质资源描述规范和数据标准
2-23　木豆种质资源描述规范和数据标准

2-24　小扁豆种质资源描述规范和数据标准
2-25　鹰嘴豆种质资源描述规范和数据标准
2-26　羽扇豆种质资源描述规范和数据标准
2-27　山黧豆种质资源描述规范和数据标准
2-28　黑吉豆种质资源描述规范和数据标准
2-29　藜麦种质资源描述规范和数据标准

3　经济作物

3-1　棉花种质资源描述规范和数据标准
3-2　亚麻种质资源描述规范和数据标准
3-3　苎麻种质资源描述规范和数据标准
3-4　红麻种质资源描述规范和数据标准
3-5　黄麻种质资源描述规范和数据标准
3-6　大麻种质资源描述规范和数据标准
3-7　青麻种质资源描述规范和数据标准
3-8　油菜种质资源描述规范和数据标准
3-9　花生种质资源描述规范和数据标准
3-10　芝麻种质资源描述规范和数据标准
3-11　向日葵种质资源描述规范和数据标准
3-12　红花种质资源描述规范和数据标准
3-13　蓖麻种质资源描述规范和数据标准
3-14　苏子种质资源描述规范和数据标准
3-15　茶树种质资源描述规范和数据标准
3-16　桑树种质资源描述规范和数据标准
3-17　甘蔗种质资源描述规范和数据标准
3-18　甜菜种质资源描述规范和数据标准
3-19　烟草种质资源描述规范和数据标准
3-20　橡胶树种质资源描述规范和数据标准

4　蔬菜

4-1　萝卜种质资源描述规范和数据标准
4-2　胡萝卜种质资源描述规范和数据标准
4-3　大白菜种质资源描述规范和数据标准
4-4　不结球白菜种质资源描述规范和数据标准
4-5　菜薹和薹菜种质资源描述规范和数据标准
4-6　叶用和薹（籽）用芥菜种质资源描述规范和数据标准
4-7　根用和茎用芥菜种质资源描述规范和数据标准
4-8　结球甘蓝种质资源描述规范和数据标准
4-9　花椰菜和青花菜种质资源描述规范和数据标准
4-10　芥蓝种质资源描述规范和数据标准

5 果树

5-5　杏种质资源描述规范和数据标准
5-6　李种质资源描述规范和数据标准
5-7　柿种质资源描述规范和数据标准
5-8　核桃种质资源描述规范和数据标准
5-9　板栗种质资源描述规范和数据标准
5-10　枣种质资源描述规范和数据标准
5-11　葡萄种质资源描述规范和数据标准
5-12　草莓种质资源描述规范和数据标准
5-13　柑橘种质资源描述规范和数据标准
5-14　龙眼种质资源描述规范和数据标准
5-15　枇杷种质资源描述规范和数据标准
5-16　香蕉种质资源描述规范和数据标准
5-17　荔枝种质资源描述规范和数据标准
5-18　猕猴桃种质资源描述规范和数据标准
5-19　穗醋栗种质资源描述规范和数据标准
5-20　沙棘种质资源描述规范和数据标准
5-21　扁桃种质资源描述规范和数据标准
5-22　樱桃种质资源描述规范和数据标准
5-23　果梅种质资源描述规范和数据标准
5-24　树莓种质资源描述规范和数据标准
5-25　越橘种质资源描述规范和数据标准
5-26　榛种质资源描述规范和数据标准
5-27　杨梅种质资源描述规范和数据标准
5-28　石榴种质资源描述规范和数据标准
5-29　无花果种质资源描述规范和数据标准
5-30　蓝果忍冬种质资源描述规范和数据标准

6　牧草绿肥

6-1　牧草种质资源描述规范和数据标准
6-2　绿肥种质资源描述规范和数据标准
6-3　苜蓿种质资源描述规范和数据标准
6-4　三叶草种质资源描述规范和数据标准
6-5　老芒麦种质资源描述规范和数据标准
6-6　冰草种质资源描述规范和数据标准
6-7　无芒雀麦种质资源描述规范和数据标准